能源文明史

关于能源的科学认知与哲学思考

[日]古馆恒介——著

唐文霖——译

人民东方出版传媒
People's Oriental Publishing & Media

东方出版社
The Oriental Press

旅途的开始

　　世界上的大多数事情，只要以能量为切入点来思考，就会变得容易理解和掌握。

　　从化石能源枯竭到核能的利用，再到最近的气候变化，人类为获得能量而引发的各种问题是笔者终身学习的课题，而"能源问题"是笔者思考得最多的。

　　人类所有的活动都需要能量，而能量遵循一定的科学规律。这一点不仅适用于人类活动，也适用于其他生物活动，因为世界上所有运动的物体都是能量本身。

　　如果我们进一步思考，就会发现这个世界中的物质都不过是一团能量而已。

　　有这样一个简单的公式：$E=mc^2$。这是爱因斯坦提出的世界上最著名、最优美的公式之一。其中，光速 c 是一个不变的常数。因此，代表物质质量的 m 就是能量 E 本身。也就是说，我们所存在的"这个世界"实际上是由能量构成的。如果从能量的角度来思考，那么这个世界上的大多数事情都会变得简单明了。这是笔者花了很长时间才得出的结论，但从某种意义上来讲，这是理所当然的。

笔者在能源行业工作多年，但为了得到这样一个理所当然的结论，花费了二十多年的时间。花这么多时间的理由很简单：笔者用于分析"这个世界"的基础（历史学和社会学）知识不足，以及一直不明白分析的核心，即"能量"究竟是什么。

坦率地说，时至今日，笔者都不敢说自己完全理解了能量究竟是什么。最新的宇宙物理学研究发现，宇宙中存在暗能量、暗物质等未知能量。这些能量究竟是什么，这是世界上超一流的头脑至今仍在奋力研究的课题，而笔者只是一介凡夫俗子，完全摸不着头脑。然而，对于笔者关心的现实社会问题——能源，通过从历史学、社会学和哲学中获得的关于人类社会构成元素的洞察分析，结合目前已知的科学成果中基于能量特征的分析，应该足以接近问题的本质了。

经过不断思考摸索，笔者现在关注的焦点是人类的特异性——可以使用其他生物不会使用的能量。这不是现在才有的，而是可以追溯到很久以前——人类的祖先学会使用火的时期。人类为了保护自己的身体乃至整个社会，需要投入大量的能量。如果以能量为切入点来回顾人类的历史，就能详细解释其中的缘由。

本书以能量为切入点，将探寻事物本质的行为比作"旅行"。旅行这个词包含多种深远的意义与内涵，比如，人们常说的"人生就是旅行"。我们究竟是谁、从哪里来，又将走向何方？这种从过去到现在，再到未来的单向运动，可以说就是我们平时接触到的能量形态。另外，我们也可以通过思考能量是什么来发现自己究竟是谁。使用"旅行"这个词，就是想要传达这些信息。

让我们跨越时空，来一场无拘无束的能源之旅吧！希望能与大家一起接近能量的本质，同时也希望能够为未来到达这一旅程的终点带来些许指引。

本书按照能量与人类的关系，分为"追求数量""寻求知识""探求心灵"三大旅行。

在追求数量的旅行中，我们将从能量的角度出发，探索人类历史的根源，从而揭示当今文明的构成这一课题。在此过程中，笔者将畅想人类与能量的关系的深度，同时详细介绍笔者心目中的五大能源革命。

在寻求知识的旅行中，我们将通过追寻包括伽利略和爱因斯坦在内的众多科学家的奋斗史，详细地解释什么是能量，以及能量遵循怎样的规律。此外，还有科学知识揭示的技术创新的可能性和局限性等内容。

在探求心灵的旅行中，我们将从能量的角度观察宗教、经济和社会，这些都是在塑造人类社会的过程中不可或缺的要素。我们可以通过这些尝试来发现影响决策的因素，并思考应对之策。

总结起来的话，笔者将通过量、智和心三个领域的旅行，让大家了解能源和人类之间的密切关系，掌握有用的基本科学知识，思考社会的发展方向，并向大家提供一种对事物的看法和理解，以帮助大家在大变局中生存下去。

如果阅读本书，能让您就如何应对轰动世界的"能源问题"获得一些启发，或是发现思考事物的核心方法，那么作为本书的作者，将感到无比荣幸。

那么，就让我们一起踏上从能量的角度来理解事物的"能源之旅"吧。

目 录

第一部分　追求数量的旅行

　　从能量的角度探索人类历史　　1

　　能源朝圣之旅之一——
　　在阿塞拜疆的巴库　　4

第一章　火之能量　　9
　　火是有生命的?　　9
　　我们通过碳素相连　　11
　　对《2001 太空漫游》中的经典场景有不同看法　　13
　　从世界上最古老的火的痕迹可以看出什么?　　13
　　火使人类的大脑变大　　15
　　大脑的本性——对能量的无限渴望　　18

　　能源朝圣之旅之二——
　　在亚美尼亚的埃里温　　20

-1-

第二章　农耕能量　　23

　　自然界是争夺太阳能的世界　　23
　　通过农耕，人类占有了太阳能　　24
　　"对人类的惩罚"带来革命　　25
　　农耕释放的能量催生了文明　　27
　　西方农耕带来的黑暗　　27
　　古罗马类似于人脑　　29
　　农奴和领主——中世纪封建社会的诞生　　30
　　黑暗的深渊和文明之光　　31

能源朝圣之旅之三——
　　黎巴嫩雪松　　32

第三章　森林能量　　37

　　森林支撑了文明的技术发展　　37
　　人类的大脑造就了洪巴巴，又将其埋葬　　38
　　不断重复的错误——文明衰退的原因　　39
　　日本寺庙中森林被破坏的痕迹　　41
　　军事与森林的密切关系持续到 19 世纪　　42
　　森林资源枯竭成为技术革新的原动力　　46
　　古代塞浦路斯人从事的回收工作　　47
　　炼铁技术的普及将对森林的破坏扩大到全世界　　49
　　人类为什么会破坏森林资源？　　51

目录

能源朝圣之旅之四——
享受瀑布恩惠的城市　　54

第四章　工业革命与能量　　59
　　帆船、水车、风车　　59
　　改变能量形态的技术诞生　　60
　　蒸汽机的发明带来的启发　　62
　　瓦特对蒸汽机的技术改进　　63
　　冶炼技术创新支持工业革命　　67
　　冶炼技术和蒸汽机的协同效应　　69
　　突破成长极限？　　71
　　内燃机的出现　　71
　　煤改油的误解　　72
　　曼彻斯特派对西印度群岛派　　73
　　摆脱上帝的惩罚　　75

能源朝圣之旅之五——
通往秘境之路　　77

第五章　电的利用　　81
　　静电、莱顿瓶、伏特电池　　81
　　发电机是如何发明的？　　83
　　自由转移、转换能量　　85
　　善于经商的大发明家爱迪生登场　　86

- 3 -

特斯拉与爱迪生　　　　　　　　　88
　　　电流战争的结局　　　　　　　　　89

　　能源朝圣之旅之六——
　　　川中岛之战为何会重演五次？　　　92

第六章　**肥料与能量**　　　　　　　　　97
　　　人类的发展为何不会陷入零和博弈？　97
　　　江户时代的太平是有机肥料带来的？　98
　　　构建终极再循环型社会　　　　　　99
　　　为什么日本人口翻了两番？　　　　100
　　　对鸟粪石的狂热　　　　　　　　　101
　　　贫瘠的荒野中出现主要的肥料　　　103
　　　硝石战争　　　　　　　　　　　　104
　　　克鲁克斯爵士的历史性演讲　　　　106
　　　肥料的原形　　　　　　　　　　　107
　　　如果能用空气制造肥料，结果会怎样？　108
　　　为什么二氧化碳减少了，氮气却还在？　109
　　　用水、煤和空气制作面包的技术　　111
　　　哈伯—博施法带来了什么？　　　　112

　　能源朝圣之旅之七——
　　　大粮仓的回忆　　　　　　　　　　115

第七章　食品生产的工业化与能量　　117
禾本科一年生草本植物与人类共生　　117
玉米为何能成为粮食霸主?　　118
变成工业产品的玉米　　121
剩余的玉米将牛肉也变成了工业产品　　123
我们的饮食生活充斥着玉米　　125
源自玉米的生物乙醇　　126
粮食生产工业化的未来如何　　127
充满能量的人类　　129

第二部分　寻求知识的旅行
科学揭示的能量形态　　133

第一章　能量是什么?　　136
"能量"的词源　　136
亚里士多德的"Dunamis"与"Energeia"　　139
伽利略的科学革命　　142
从牛顿(力学)到焦耳和开尔文男爵(热力学)　　143
从麦克斯韦(电磁力)到爱因斯坦(原子能)　　146

第二章　能量的特性　　149
威廉·汤姆森(开尔文男爵)的烦恼　　150

早逝"巨星"萨迪·卡诺 151
克劳修斯的灵感 154
热力学第一定律——能量守恒定律 155
热力学第二定律——能量耗散定律 156
空调、冰箱如何工作？ 157
熵的出现 159
覆水难收——熵代表什么？ 161
通过熵了解热动力机的效率 164
明白卡诺定理就能掌握技术的前景 165

第三章 能量流能够创造什么？ 169
"时间"是由人类创造的 169
地球环境与热能的关系 171
神奇的耗散结构 173
文明即耗散结构 175
节能技术会增加能源消耗？ 177
用哲学理念思考能源问题 179
生物的时间 182
我们应该如何面对时间？ 185

第四章 什么是理想的能源？ 187
将能源分类后会发现什么？ 188
太阳能属于谁？ 192

　　　　　　火力和核能在生态系统中的意义　　　　　　195

第三部分　探求心灵的旅行
　　　　人的心灵和能量　　　　　　　　　　　　　197

第一章　火的灵性　　　　　　　　　　　　　　200
　　　　火中蕴藏着的精神世界　　　　　　　　　　200
　　　　遗留在世界各地的拜火教的伟大足迹　　　　201
　　　　琐罗亚斯德的幻想　　　　　　　　　　　　203
　　　　二元论与正义　　　　　　　　　　　　　　205

第二章　能量与经济　　　　　　　　　　　　　　208
　　　　解放心灵——现代科学与精神自由　　　　　208
　　　　隶属于资本　　　　　　　　　　　　　　　209
　　　　能源问题与经济学的相容性　　　　　　　　210
　　　　瓦特的又一大发明　　　　　　　　　　　　211
　　　　外部不经济与内部化——仓廪实而知礼节　　212
　　　　评估能源投资的困难　　　　　　　　　　　214

第三章　能量与社会　　　　　　　　　　　　　　217
　　　　资本之神的特征　　　　　　　　　　　　　217
　　　　对赚钱的肯定——禁欲主义推动资本主义发展　219
　　　　劳动精神与时间观念　　　　　　　　　　　221

— 7 —

　　　　　资本主义社会　　　　　　　　　　　　222
　　　　　更加坦率地思考地球环境问题　　　　　223
　　　　　如何发挥人类的"远见能力"？　　　　225

第四部分　旅行的目的地
　　　　Energeia 的复活　　　　　　　　　　　229

　　第一章　需要解决的问题　　　　　　　　　233
　　　　　能源问题中最重要的课题　　　　　　　233
　　　　　化石燃料资源何时枯竭？　　　　　　　235
　　　　　所有文明都诞生于冰河时期　　　　　　237
　　　　　土地的局限性——气候变化问题的本质　239
　　　　　如何应对气候变化问题？　　　　　　　241
　　　　　现代复活的洪巴巴　　　　　　　　　　242

　　第二章　理想的未来　　　　　　　　　　　244
　　　　　拥有 Energeia 的世界观　　　　　　　　244
　　　　　新冠疫情暴发时人类发现了什么？　　　245
　　　　　驱动未来社会的核心能量　　　　　　　248
　　　　　从集中式转变为分布式　　　　　　　　251
　　　　　能源储存装置的开发成为课题　　　　　254
　　　　　向自然学习　　　　　　　　　　　　　255
　　　　　如何摆脱资本的上帝魔咒？　　　　　　256

目录

积极看待人口减少的问题	257
为110亿人寻找新的"富裕"	260
可持续发展目标（SDGs）的含义	264
长期预测显示出的严峻现实	266
《巴黎协定》的主要目标——2℃（1.5℃）	269
减少二氧化碳排放量的意义	273

第三章　我们能做什么？　275

简单的问题	276
获得自由后将会面对什么？	278
每个人的节奏	279
倾听刻在身体里的准确节拍	280
向自然界学习"适度"的节奏	282
如何善于捕捉抽象能量？	286
潇洒、装模作样、土气——向江户人学习处理问题的方法	286
思考能源问题	290
关于不涉及金钱的互利互惠的建议	290
大家都可以实践的行之有效的方法	292

旅行的终点	295
致谢辞	298
注释	301

-9-

第一部分

追求数量的旅行
从能量的角度探索人类历史

在第一部分，笔者将从能量的角度揭开人类文明兴盛的历史，详细阐述人类是如何通过增加能源消耗量取得今天的繁荣的，并据此揭示当今文明的构成。

每当历史上发生重大变革，就会在之后被人们冠以"革命"之名。在《广辞苑》①中查询"能源革命"，就能看到"经济社会的主要能源急速交替的现象，如日本在1960年前后发生了从煤炭到石油的转换"[1]。事实上，煤炭的利用始于工业革命并被称为第一次能源革命，而由煤炭向石油的转换被称为第二次能源革命。但是，也有将火的利用作为第一次能源革命，将能源革命划分为三次的分类方法。

本书中"能源革命"的定义更为广泛，是指"由于出现了新的能源获取方式和利用手段，人类的能源消耗量急剧增加的事件"。根据这个定义，笔者共梳理了五次能源革命。

我们生活在当今社会，最大限度地受益于这五大能源革命。

请大家务必事先预测一下这五大能源革命，然后带着自己的答案阅读本书。只有这样，才能更加深刻、更加多层次地理解能量。

那么，就让我们从能量的角度出发，开启探索人类文明史的旅行吧。

---

① 译者注：《广辞苑》是日本最有名的日文辞典之一，由岩波书店发行。

能源朝圣之旅之一——
在阿塞拜疆的巴库

初夏6月,清凉的风穿过里海,笔者来到了高加索地区的大城市——巴库市。这里是阿塞拜疆的首都,约有230万人口。

这座城市在古代是丝绸之路的贸易站,非常繁荣。巴库的老城区至今仍保留着建于12世纪的城墙,以及希尔凡王宫等历史建筑,将当时的荣华传承至今。2000年,这些建筑物被列入世界遗产。从历史悠久的巴库开始探寻的"能源之旅",完全是因为这片土地下沉睡着大量的地下资源。没错,就是石油和天然气。

在19世纪中叶,沙俄统治这座城市的时代,巴库迎来了转机——现代石油钻探开始了。石油的钻探和精炼成为一大成长型产业,极大地带动了这座城市的发展。那个时代,世界上一半的原油产自巴库。

在被热潮吸引而来的人群中,有在金融界久负盛名的罗斯柴尔德家族,以及因创立诺贝尔奖而闻名遐迩的阿尔弗雷德·诺贝尔的胞兄罗伯特·诺贝尔和卢德维格·诺贝尔的身影。他们都在巴库发了财。同时,由于劳动环境恶劣,石油业的工人运动愈发

能源朝圣之旅之一——在阿塞拜疆的巴库

巴库市

高涨，财富分配不均成为俄国革命的导火线。后来成为苏联领导人的约瑟夫·斯大林年轻时，在巴库[2]积累了丰富的革命经验。一个多世纪后的今天，这一地区仍在生产石油和天然气，其财富也继续支撑着国家的经济。

巴库石油产业的历史足以写成一本书。罗斯柴尔德、诺贝尔、斯大林等，这些登场人物丰富多彩、魅力十足。

然而，在巴库开启"能源之旅"并不是为了探究为当今的巴库创造财富的石油产业的历史。笔者想通过这片土地上的石油和天然气，寻找有关能量的根源性问题的答案——人类是如何与火相遇的。

"燃烧的山"——亚娜代戈

从巴库市驾车向北行驶约40分钟，就到了笔者的目的地——亚娜代戈，当地语意为"燃烧的山"。这里有着半干旱气候特有的干燥草原，与其说是一座"山"，不如说是丘陵地带。站在山丘上，俯瞰山下悠闲地吃着青草的羊群、赶着羊群的牧民，再往前，就是湛蓝色的里海。

为什么这片充满牧歌风情的土地会被称为"燃烧的山"呢？答案就在这个山坡上。天然气从山丘的侧面喷涌而出，自燃后的火焰不曾熄灭，这正是永恒之火。近年来，随着石油、天然气的开采和石油产业的发展，以及地震导致的地下构造的变化，这片

亚娜代戈

地区自燃后持续燃烧的火焰只剩下亚娜代戈，但据说巴库近郊曾有许多座这样的"火山"。这些"火山"早已为人所知，现存最早的资料显示，5世纪的罗马历史学家普里斯克斯留下了关于永恒之火的记录[3]。

永恒燃烧的火焰成为人们的信仰，也成了自古就崇拜火焰的琐罗亚斯德教（拜火教）的圣地。现存的琐罗亚斯德教寺庙位于亚娜代戈东南方约10千米的地方，据说建于17世纪至18世纪，那里的火焰持续燃烧到了1969年。这片土地的国名"阿塞拜疆"，原本是由中古波斯语（巴列维语）中表示火焰的"Azər"与表示守护者的"Baycan"组成的[4]。这里自古以来就经常能感受到近在咫尺的火。

普罗米修斯盗火的故事

希腊神话故事也暗示了该地区与火的密切关系。普罗米修斯从天界盗火，并将火赐给了人类。火为人类奠定了繁荣的基石，但是将火赐予人类的普罗米修斯却惹怒了宙斯。作为惩罚，普罗米修斯被铁链锁在高加索地区的岩石山上，鹫会啄食他的肝脏。然而，普罗米修斯是不死之身，肝脏每到夜晚就会再生，所以他每天都要承受同样的折磨。

这里值得注意的是，捆绑普罗米修斯的山的位置。高加索地区通常是指夹在黑海和里海之间的地区，以巴库为首的阿塞拜疆就在其中。普罗米修斯遭受鹫啄肝脏的惩罚，不禁让人想起曾经在这片土地上广泛流传的琐罗亚斯德教的鸟葬习俗。琐罗亚斯德教教徒将遗体放在石台上让鸟啄食。也就是说，普罗米修斯盗火的故事可能与巴库地区有很强的相关性。

虽然火为人类带来了便利，但没有人能徒手生火。生火需要一定的知识、工具和技术。虽然传承火种比生火容易，但也需要一定的知识和技术。这些知识和技术成就了人类，而且其中蕴含着非常复杂的道理，我们首先必须明白火是一种极其有用的东西。

人类从落雷和干燥引起的山火中偶然获得了火，并开始学习如何使用火。然而，人类是如何通过山火这类不确定且不连续的事件，积累有关火的价值和使用方法的知识的呢？这一过程非常缓慢。从这一点来看，对于人类学习如何使用火来说，经常能够得到自然火的巴库近郊无疑是绝好的环境。

人类认识到使用火这种能量的价值，大概是从接触这片土地上永恒燃烧的自然火开始的。这片源源不断地供应人类难以自行取得的火的土地，或许正是神赐予人类的礼物。

笔者正是想切身体会这一点，才来到了这里。这座"燃烧的山"更加充实了笔者的想象。

第一章
火之能量

火是有生命的？

我们是不是把火当成了一种非常自然的事物，认为物体发热起火是自然规律？其实这种想法并不准确。实际上，在地球的漫长历史中，适合火的环境出现的时间并不长。

要想生火，就要具备一定的条件——燃料、氧气和热量，也就是物体燃烧的三要素。在距今46亿年诞生的地球上，最丰富的是热量，这或许会使你感到意外。环顾地面，几乎没有可以作为燃料的物质；仰望天空，大气中也没有氧气。覆盖原始地球的大气是火山喷出的地球内部的气体成分，其中，二氧化碳占了一大半。

也就是说，地球上原本没有火，不，应该说是不可能存在火。

地球发生变化——首次出现火——的原因尚未得到科学论证，但有可能开始于大约40亿年前深海底部的热液喷口附近。我们的祖先——生命——的诞生也是从此开始的。生物体是由以碳为主要成分的有机化合物组成的，通常都易于点燃。无论是植物还是动物，在干燥、缺水的状态下都能燃烧，原因就在于我们都是以碳为中心构成的有机化合物。

环顾当今地球上能够生火的燃料就会发现，柴薪、木炭，以及煤、石油、天然气等化石燃料，都是来自生物的有机化合物。化石燃料是远古时期繁盛的植物和浮游生物等微生物死亡后，经过漫长岁月形成的化石。从能量的角度来看，所有的生物都是"燃料"。原始地球上本身存在的热量，加上生命的诞生这一奇迹带来了燃料，燃烧的三要素中的两个就已具备。

剩下的一个要素——氧气，也是由生物提供的。在海洋这一孕育生命的摇篮中，随着进化，产生了能够进行光合作用的细菌。这大概可以追溯到36亿年前。细菌通过光合作用将二氧化碳吸收到体内，在固定碳的同时将氧气作为不必要的物质排出，结果导致大气中二氧化碳的含量逐渐减少，氧气的含量逐渐增加。

就这样，自地球诞生经过了10亿年，燃烧的三要素终于凑齐了。然而，想让火在地球上变得常见，还需要更加漫长的岁月。除了提供足够的氧气来维持燃烧，还要有易燃的燃料，即引导生物这种有机化合物从海洋走向干燥的陆地。在实现这一目标的进程中，大气含氧量的飞跃性增加起到了决定性的作用。

最初，氧通常与海水中漂浮的大量铁离子结合成为氧化铁，但从25亿年前开始，出现了大量能够进行光合作用的细菌，排放到大气中的氧气急剧增加。直到5亿年前，大气中充足的氧气逐渐到达平流层，形成了臭氧层，减少了照射到地面的有害紫外线。如此一来，生物才能登上陆地。"燃料"的登陆是火的诞生史上值得纪念的事件。不久后，随着进入陆地的植物覆盖地表，天气转晴，燃料、氧气、热量这三大燃烧的要素集齐，火在地球上变得随处可见。此时，地球自诞生后已经过了42亿年，而距今仅有4亿年[5]。

回顾地球上的火的诞生历史，会发现，我们人类作为一种碳基生物，与生物燃烧时产生的火之间存在着密切的关系。

我们平常在地球上见到的火，大多是生物最后的形态。不，更加确切地说，火就是生命本身，也是生命的化身。在宗教和巫术的精神仪式中，火通常都具有重要的意义。可以说，从古至今，人类都很清楚火的本质。

我们通过碳素相连

植物通过光合作用将碳从大气中的二氧化碳中分离出来，制成一种单糖有机化合物——葡萄糖——并摄入体内，然后通过淀粉和纤维素等合成多糖并储存起来，这一过程叫作碳固定。随后，食草动物啃食植物，食肉动物捕食食草动物，直接或间接地将植物通过碳固定产生的糖分摄取到自己的体内。

我们生物通过呼吸吸收氧气，燃烧体内储存的有机化合物来获得日常生活的能量。燃烧后呼出的是二氧化碳。排放到大气中的二氧化碳通过植物进行光合作用，再次进入生物界，形成固定的循环。

生物死亡后被微生物分解，构成身体的碳再次变成二氧化碳，释放到大气中。也有可能在野火的炙烤下变回二氧化碳。回到大气中的二氧化碳通过植物的光合作用再次进入生物界。像这样，通过每天的呼吸、死亡和燃烧，碳在大气和生物之间循环，而这一循环被称为碳循环（图1）。

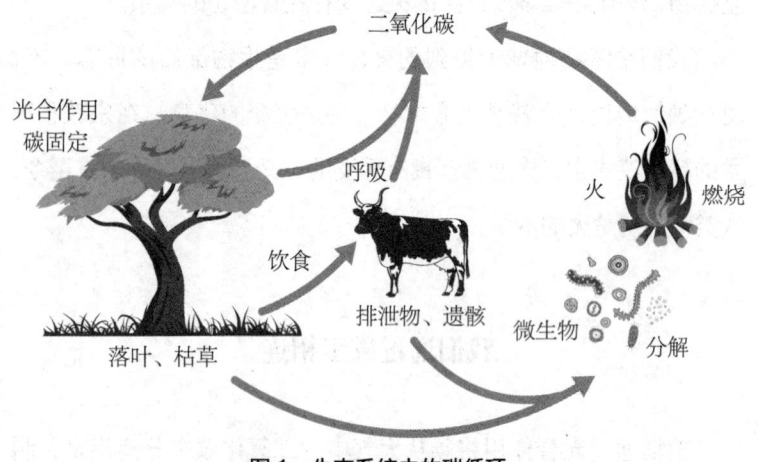

图1　生态系统中的碳循环

地球是一个封闭的系统，除了偶尔坠落的陨石和宇宙尘埃，没有与外界的物质交互，因此地球上的碳总量是恒定的。也就是说，所有的生命，都是共享有限碳资源的"兄弟"。

不只如此，过去、未来和现在的一切都通过碳循环连接在一起。

你的体内现在含有的碳原子中，可能包含着1200年前构成空海的身体的碳原子，也可能是构成100年后温网冠军身体的碳原子。此时此刻，你正在悄悄地向你所爱的花草传递碳原子。是的，所有的一切都在循环，就像轮回一样。

对《2001太空漫游》中的经典场景有不同看法

在被誉为不朽的名作，由斯坦利·库布里克导演的科幻电影《2001太空漫游》中，有一个展示人类发展的著名场景[6]。一群刚刚学会使用动物骨骼制作工具的人类祖先用骨骼作为武器，在与其他群体争夺水源时取得胜利。随着胜利的呐喊和抛向空中的骨头，镜头切换到了漂浮在太空中的2001年的宇宙飞船。在这个场景中，学会使用工具被描绘成人类繁荣的开端。不过，恕笔者冒昧，对于导演库布里克来说，拍摄这样的场景，最贴切的道具并不是动物骨头，而是火把。大猩猩、黑猩猩等类人猿也可以使用动物骨头制作简单的道具，但无论现在还是过去，只有人类才能使用火。

如果细心地探索人类与火的关系，我们就会为这种密切的关系、深远的影响所惊叹。可以说，人类是由火塑造的。火是一种非常强大的存在。

从世界上最古老的火的痕迹可以看出什么？

距离南非最大的城市约翰内斯堡西北约30千米处，在远离喧

第一部分　追求数量的旅行

器都市的郊区，草原和灌木蔓延的丘陵地带那边，是笔者的下一个目的地——斯瓦特克朗斯洞穴。斯瓦特克朗斯洞穴是在研究人类进化历史的过程中有重要发现的洞穴，也是被列入世界遗产的珍贵遗迹。这里留下了很有意思的痕迹，暗示着人类与火的关系。

斯瓦特克朗斯洞穴最古老的沉积层中保存着大量疑似食肉兽吃过的猎物骨骼，被啃食过的骨骼中也包括人类祖先的骨骼。上方的第二层中横着一层木炭，而到了第三层，就出现了有趣的变化。第三层出土的动物骨骼中有许多被火烧过的痕迹，根据骨骼的出土情况，人们认为这不是野火焚烧的痕迹，而是人为用火的证据。这是世界上现存最古老的火的痕迹，距今约有100万到150万年。

斯瓦特克朗斯洞穴远景（洞穴在道路后方的小山下）

更有意思的是，第三层出土的骨骼比例出现了反转。这意味着一直以来作为被捕食者之一而被食肉兽吃掉的人类的祖先，从第三层开始变成了捕食者，成为洞穴的统治者[7]。

由于惧怕火焰燃烧带来的光和热，食肉兽不再靠近洞穴，人类的祖先不用爬到树上，就可以在夜晚安心入睡，也不用担心辛辛苦苦获得的食物被其他动物抢走。人类的祖先学会了使用火，就有了让环境变得对自己有利的方法。就这样，人类成功地提升了自己在自然界中的地位。这是人类历史上第一次可以被称为能源革命的巨大变化。火的力量就是如此强大。

但是，这只不过是变化的开始。

火使人类的大脑变大

如果被问及人类作为动物的一些特点，大家会怎么回答呢？笔者首先想到的是人类的大脑发育得更好。除此之外，可能还会有直立行走、会说话等答案。然而，人类还有其他鲜为人知且值得炫耀的重要特长，就是你和我都具备的——相对更小的肠胃。

众所周知，维持大脑活动通常需要大量的能量。但是，实际上，肠胃和大脑一样，也是需要大量能量的器官。消化器官不仅要分解食物、吸收营养物质，还要将食物残渣和陈旧细胞作为废物排出体外。肠胃运作需要巨大的能量，这是理所当然的。

与人类体重相当的大多数哺乳类动物的大脑只有人类大脑体积的约五分之一，而肠胃的长度却是人的两倍[8]。也就是说，我们人类拥有相对较大的大脑和较小的肠胃。其他灵长类动物也是如此，按照体重进行比较，肠胃越小的灵长类动物的大脑越大。

为了给大脑提供足够的能量，在大脑不断变大的过程中，人类的祖先通过缩小肠胃、减少消化器官的能量消耗来达到平衡。

但是，肠胃缩小存在一定的风险。肠胃缩小意味着不能充分地消化食物，其结果就是身体摄取的能量会减少。那么，我们的祖先是如何解决这个问题的呢？

首先就是要摄取营养价值更高的食物，所以我们的祖先开始食肉。在灵长类动物中，没有比人类更喜欢吃肉的了。毫无疑问，人类祖先通过肉食补充营养，让大脑变得更大，而更大的大脑给我们的祖先带来了能够利用火的智慧。随着大脑的发育和肠胃的缩小，人类以利用火为契机，朝着远超开始食肉时的变化方向不断进化，而这一切都要归功于烹饪的发明。

经过敲打、切碎、捣烂等加工后，再对食物进行加热处理，这就是"烹饪"。如此定义烹饪，就能理解烹饪为身体带来的好处——烹饪食物能够急剧减轻胃肠吸收食物的负担。

首先，对食物进行物理加工可以减轻在口中咀嚼的负担。其次，经过加热，食物变得柔软、更容易咀嚼。野生黑猩猩每天用在咀嚼上的时间超过 6 小时，对比之下，就能看出这种加工的效果十分显著[9]。

加热还能带来另一种决定性的变化——热量会使淀粉和蛋白质发生改变，显著提高食物的营养价值。例如，代表性的淀粉类食物——马铃薯——经过加热烹调，能够被消化吸收的卡路里增加了近一倍。生鸡蛋这种代表性的蛋白质类食物也是如此[10]。通过加热，人类可以食用卡路里密度较高的食物，这样一来就可以减少食量，缩小消化器官了。现在，我们的食量只有大型类人猿的一半左右。我们看似吃得不少，但实际上并没有那么多。这一切都要归功于加热烹饪。

加热食物还有一个好处，那就是杀死附着在食物上的细菌，由此可以防止细菌侵入体内，减轻免疫系统的负担。

烹饪是一项伟大的"发明"，它可以减轻消化器官的负担，使吸收的能量最大化，使肠胃相对地变小。

总而言之，我们的祖先通过"烹饪"食物，将部分需要消化器官完成的工作"外包"了出去。

如此一来，剩余能量就会被集中投放到大脑，而这决定了我们祖先进化的方向。由此可见，我们现代人类之所以能够拥有极高的智慧，与祖先使用火有很大关系。

火的使用作为一种抵御外敌的措施，不仅极大地改变了人类周围的外部环境，也使内部环境，即人类的身体，在进化过程中逐渐发生了变化。火的使用改变了一切，这才是人类历史上第一次能源革命。

人类的繁荣正是从这一刻开始的，而这也是人类在100多万年后建立了无与伦比的文明社会，面临因能源的大量使用而带来的全球气候变化这一难题的起点。

大脑的本性——对能量的无限渴望

在现代社会中，人类通过化石燃料等获得了大量的能源，支撑着自己创造的文明社会。正是我们高度发达的头脑造就了这样一个能源消费型社会。我们的大脑只占身体总重量的 2.5%，却要消耗人体基础代谢（维持生命所需的能量）的 20%。普通的灵长类动物只需要消耗基础代谢的 13%[11] 左右。人类的大脑是如何进化到需要大量能量的呢？

人类通过烹饪使大脑变得高度发达。虽然偶尔也有人推荐生食，但这样会使体重锐减，这种行为也没有得到广泛的认可[12]。水手亚历山大·塞尔柯克被称为鲁滨孙·克鲁索的原型，他独自在荒岛上生活了四年多，但他会生火做饭[13]。如果没有加热食物这一外部能量的投入，我们甚至很难维持自己身体的运转。

我们人类引以为豪的优秀大脑，通过加热的形式间接地吸收火的能量，不断变大，远远超过了自然界中生食动物所能容许的大脑体积。也就是说，我们的大脑本质上希望"变得更聪明，并为此获得更多的能量"。

俯瞰人类创造的文明社会，人类大脑的本质不就体现在这里吗？这是一个通过增加能源消耗而不断发展的社会。特别是工业革命以后的社会，通过让机器，而不是自己的身体"吃"化石燃料等能源，带动蒸汽机和汽车，产生电力，实现了电子设备的飞跃性进步和发展。

最新的大型发电站，即巨大化的人工胃肠所提供的大量能量，也被积极地回馈给了信息处理设备，即人工大脑的技术革新，最终制造出超越人类大脑的人工智能（AI）。

大脑的本性就是无止境地获取能量。我们能够创造出如此辉煌的文明社会，是通过将可消化的食物扩大到化石燃料和铀矿石，使通过消化器官吸收的能量急速增加，让大脑变得巨大化，变成像怪物一样的生物。这无疑是人类不断集中投喂大脑后的人类进化史的延续。

这样一个依靠外部的能量投入而加速"脑化"的社会还有未来吗？这就是我们现在面临的问题。笔者认为，这正是解开人类与火的关系后浮现出来的有关能源的根源性问题。

能源朝圣之旅之二——
在亚美尼亚的埃里温

迪拜是阿拉伯联合酋长国的一座大城市。乘坐阿拉伯航空公司的 G9247 航班，于黎明前从位于郊区的沙迦国际机场起飞，沿着伊朗领空北上，以连绵的褶皱山脉——扎格罗斯山脉——为路标，飞往亚美尼亚首都埃里温。经过两个半小时的飞行，飞机到达了埃里温国际机场。笔者通过正在降落的飞机的窗口，看到了被残雪覆盖的海拔 5137 米的灵峰亚拉拉特山和周围广阔的绿色大地。

如今，拥有 110 万人口的埃里温被认为是世界上现存最古老的城市之一，同时也是古老而繁荣的文明摇篮之一。

埃里温的街道是苏联时期修建的，虽然没有留下过去的痕迹，但有超越时代的象征。这个城市最具代表性的就是各处都能看到亚拉拉特山的雄姿。

就像日本人眼中的富士山一样，亚美尼亚人眼中的亚拉拉特山象征着故乡，是一座非常美丽的山。

另外，亚拉拉特山被认为是《圣经·旧约》中《创世记》所

灵峰亚拉拉特山和埃里温的街道（照片：marlenka/iStock/Getty Images）

描绘的"挪亚方舟"漂流而来的地方，这也是这座山会让人感到特别的原因。亚拉拉特山是支撑美索不达米亚文明的底格里斯河、幼发拉底河的水源地，自古以来就被认为是神山。

"挪亚方舟"并不是该地区与《圣经·旧约》的唯一联系。同样出自《创世记》的"伊甸园"，被认为是埃里温周围的土地。事实上，亚美尼亚至今仍以盛产杏、石榴、草莓和葡萄等各种水果而闻名，漫步在埃里温的街道上，随处可见卖水果的摊子。就算是离开城市，来到郊外，也能看到不少由农户经营的水果直销店。

"伊甸园"无论是现在还是过去，都是水果的天堂。

值得一提的是，杏的学名是"*Prunus Armeniaca*"（Armenian Plum），自古以来就是亚美尼亚的代表性水果。从这一点来看，有说法称亚当和夏娃偷吃的禁果并不是苹果，而是杏。

亚当和夏娃的故事

　　亚当和夏娃是上帝最初创造的人，他们在地上的乐园——伊甸园——中安然生活。然而，夏娃受到蛇的引诱，偷吃了伊甸园中的禁果，又让亚当一起偷吃。两人激怒了上帝，被逐出伊甸园。于是，亚当只能在贫瘠的土地上，为了种植制作面包的食粮，每日汗流浃背地工作。与此同时，夏娃也受到了承受分娩之痛的惩罚。

　　亚当和夏娃被逐出伊甸园这一尽人皆知的故事也被认为是暗喻狩猎采集生活的终结，以及农耕生活的开始。即从受到富裕土地的恩惠而每日享受生活，沦落到面对贫瘠的土地，为了种植制作面包的食粮，每日汗流浃背地工作。其中也流露出了不甘心的想法。

　　事实上，农耕是一项费力不讨好的工作，农耕的收成很大程度上取决于土地的肥沃程度。人们开始过度依赖种类有限的谷物，饮食也失去了多样性。洪水和干旱使得人类有时必须面对突如其来的饥饿，而人口密度的增加导致传染病更容易流行。演化生物学家贾德·戴蒙的观点认为："农耕是人类所犯的最大错误。"[14]

　　笔者之所以来到埃里温，是为了通过亚当和夏娃被逐出"伊甸园"的故事，感受人类从狩猎采集生活向农耕生活转变的历程。为什么人类要汗流浃背地耕田呢？在第二章中，笔者想从能源的角度重新审视被认为是人类历史上"最大错误"的农业革命，思考为什么会发生农业革命，以及农业革命的意义是什么。

第二章
农耕能量

自然界是争夺太阳能的世界

对于无法进行光合作用的动物们来说，食物关乎着生死存亡。从微生物、昆虫到鱼类、两栖类、鸟类和哺乳类，每个物种都在弱肉强食的食物链中努力求生。如果被吃掉，那么生命就会在那一刻宣告结束；但是如果不能确保生存所需的食物，那么未来也只能等待死亡的来临。

处于食物链下游的动物们，通过食用植物和菌类获得生存所需的能量。真菌生活在地下和深海等没有阳光的地方，通过化学反应获得能量。在我们人类从属的地上生态系统中，植物通过光合作用吸收的太阳能是最大的能量源。

位于食物链上游的食肉动物们，通过捕食食草动物间接地食用了植物。

总之，在我们周围的自然环境中，动物们所处的竞争残酷的食物链的世界，也是所有动物都在激烈地争夺植物吸收的太阳能的世界。

　　作为动物中的一个种族，人类也是参与这场激烈争夺的成员之一。人类在开展狩猎活动的时代，就与食肉兽和猛禽上演了一场奋力争夺猎物的好戏。本就弱小的人类在很长一段时间内只能寻找大型食肉兽吃剩的腐肉。不久之后，人类学会了使用工具和集体狩猎，狩猎动物的机会也增加了。

　　人类开始狩猎以猛犸象为代表的大型动物，因为通过大型动物获取能量的效率很高，虽然消耗力气，但狩猎大型动物能够获得大量食物。人类用锋利的长矛武装自己，在进入澳大利亚大陆和北美、南美大陆后，转眼间就彻底消灭了大型动物[15]。居住在新大陆上的大型动物过去从未见过人类，所以对人类的警戒心很低。这是人类出现后永久改变生态平衡的最初事例。人类获取能量的欲望早在狩猎采集时代就已经开始膨胀。

通过农耕，人类占有了太阳能

　　开始于1万年前的农耕给生态系统带来了更大的变化。农耕就是开垦土地、修整农田、培育农作物，而这样的行为意味着什么呢？那就是将土地上自然生长的植物全部赶走，人类占有了照射到土地上的太阳能。这一宏伟的创举始于人类找到适合食用的植物。麦子、水稻、玉米，这些都是适合食用的禾本科植物，也都具有容易栽培、能够长久保存的特点。

当然，自然界不会轻易允许人类占有太阳能。昆虫、鸟类、草食性和杂食性动物都对人类亲手培育的农作物虎视眈眈，一有空隙，马上就会将农作物蚕食殆尽。此外，还有生生不息的杂草，以及经常发生的洪水和干旱。

尽管如此，农耕占有太阳能的效果依然非常明显。人们以能够保存的收获物的形式获取能量，而这些能量远远超过从事农耕工作的人劳动时消耗的能量。人类在开始农耕之后才能够有计划地储存剩余的能量。

我们的大脑总是想要更多的能量，同时对饥饿的恐惧十分敏感，高回报的能量投入和能够储存食物这两个农耕的特性，足以引起大脑的兴趣。与狩猎采集生活相比，在固定的地区开始农耕生活后不久，就会出现展现农耕生活优越性的决定性变化。

稳定的剩余食物使农耕的人口不断增加，由此产生的新的劳动力推动了新土地的开垦，耕地的面积也不断扩大。农耕者逐渐在数量上压倒了狩猎采集者，狩猎采集者生活的土地也慢慢被侵占、被夺走。就这样，人类的生活逐渐从狩猎采集生活过渡到农耕生活。

"对人类的惩罚"带来革命

大概1万年前，人类进入农耕时代，承担劳动的是人本身，而在西方看来，这对于为了适应狩猎采集生活而进化的人类的身体来说是灾难的开始。人的身体不适合耕土、施肥、播种、割杂草等弯腰作业。此外，随着定居的推进、人口的增加，各种各样的传染病也开始肆虐。

尽管如此，人类也没有停止农耕。不过如果从西方宗教的角度来审视亚当和夏娃带来的"对人类的惩罚"，那么人类从事农耕也许是正确的。无论多么繁重的工作，从劳动中获得的食物都依赖于一小撮粮食种子；无论多么贫穷和不公，从农耕生活中获得的卡路里几乎是从按人均计算的狩猎采集生活中获得的卡路里的2倍[16]。依靠这些剩余食物，人口不断增加，很快就远远超过了狩猎采集生活所能支撑的规模，甚至到了无法挽回的地步。人类只顾着增加粮食产量，在不知不觉中已然无法回头，而这又导致了人口的进一步增加。

我们人类通过食用动植物来获得积蓄在它们体内的太阳能，所吸收的大部分太阳能都被用来维持自身的代谢，但也有一部分作为人体能量，被消耗在插秧、搬运物品等劳动中。

随着农耕的开始，人类能够以前所未有的规模吸收照射在大地上的太阳能。由于被吸收的太阳能大幅增加，作为可使用能源的劳动力，即人体，其能量也随着人口的增加而成比例地增加了。这种效果非常显著。

根据研究推测，在农耕生活开始前——距今约1.2万年，世界总人口只有500万至600万，而在1万年后，世界总人口达到了约6亿（编者注：17世纪）。经过计算，人类可以自由使用的人体能量比农耕开始前增加了约 100 倍[17]。可以说，人类转向农耕生活导致这种非线性的变化，而这也是人类历史上继利用火之后的第二次能源革命。

农耕释放的能量催生了文明

由于人口的增加，社会的构成单位也随之变大。在人口众多的社会中，可以充分利用的人体能量也相应地增加，人体能量被积极地分配到了以手工业为代表的非农耕活动中。从农耕中解放的手工业群体开始走向专业化，通过集中积累经验和学习，稳步提升技术能力。毋庸置疑，带动技术能力提升的正是不断变大而且希望"变得更聪明"的人类大脑。

手工业特别发达的社会逐渐形成城市，不久后，文明就会兴起。农耕释放出的巨大能量作为人体能量不断积聚，不久后，这些能量就会超过临界点，为人类带来文明之光。

西方农耕带来的黑暗

农耕给人类带来了文明之光，但黑暗常与光明同在。说起农耕生活带来的黑暗，排在首位的就是战争的爆发和奴隶制的开始。

在人类进入农耕时代的早期，与人类争夺落在土地上的太阳能的是生生不息的杂草、蚕食农作物的虫和鸟，以及草食性和杂食性动物。但是，随着农耕生活的稳定和普及，人类的竞争对手也逐渐变成了最强大、最麻烦的生物。是的，那就是生活在附近的人类。就这样，人类集团之间开始围绕土地的控制权，即为了确保获得落在土地上的太阳能而互相争斗，直至拉开现代战争的帷幕。

有了战争，就有了胜者和败者。在古代，战败的人一般会不同程度地被杀害或被奴役。古希腊、古罗马就是在奴役战败民族的过程中建立起来的社会。在古代社会，人类最善于利用的能源就是人体能量，所以奴隶有很大的价值。

古代文明社会离不开奴隶。领导文明的上层阶级的市民通过奴役下层阶级的奴隶，不用挥洒汗水就能获得生活所需的食物。

对我们的大脑来说，上层阶级的生活就是理想的环境，因为大脑获取的能量有了保障。而作为大脑的竞争对手，肌肉会争夺进入体内的能量。上层阶级的大脑能够轻松地获取能量，他们的注意力开始转向哲学和艺术等与获得食物没有直接关系的文化活动。

在古希腊，亚里士多德口中的"scholē"一词成为我们能够理解的关键。"scholē"在希腊语中意为"闲暇"，是指将安排奴隶从事体力劳动和杂事而获得的时间，积极地用于精神活动充实自己。就这样，奠定西方哲学基石的希腊哲学开始进入启蒙阶段。顺便说一下，"闲暇"（scholē）一词后来成了"school"（学校）的语源。

即使是在现代社会，一些贫穷国家的孩子从小就被当作劳动力培养，他们没有闲暇，甚至没有机会进入学校。学校教育只有在能量富余的社会才能实现。

古罗马类似于人脑

继承了古希腊的古罗马社会，是一个比古希腊更依赖奴隶提供的人体能量的社会，在赢得战争后新获得的属地，依靠名为大地产的土地所有制，利用大量奴隶使农业蓬勃发展。根据公元前罗马共和制时期的执政官加图的记载，每60公顷的橄榄园里有13个奴隶，每25公顷的葡萄园里有15个奴隶[18]。

让通过战争获得的奴隶在通过战争获得的土地上耕种并收获，然后，再发动大规模的战争。没有任何一种方法能够如此高效地获取太阳能。古罗马地主只需要给奴隶一顿粗茶淡饭作为付出劳动的报酬，就能占有从土地中获得的全部利润。

事实上，随着大地产制度的普及，在拥有大量土地的古罗马贵族积累财富的同时，那些依靠双手在自己的土地中耕作的中小规模古罗马农户渐渐失去了竞争力，并最终走向崩溃。他们中的许多人最终失去土地，成为没落农民涌入罗马。

为了化解同为古罗马人的他们的不满，贵族们开始了所谓的"面包与马戏"政策。贵族们试图通过食物和娱乐来转移普通公民对贵族积累财富的不满。就这样，整个古罗马的公民都开始依赖属地中以奴隶这一劳动力为基础的食物供应。

古罗马就像是人脑的真实写照，为了追求更多能量而不断地膨胀。尽管古罗马给人的感觉是永恒的繁荣，但以无限膨胀为前提的社会从本质上来说是不可持续的。古罗马不仅成为地中海的霸主，斩杀了法国和德国的蛮族，甚至还漂洋过海进攻英国。但是，随着领土的扩张，统治的难度也在增强，渐渐地扩张的步伐开始放慢。另外，由于长年耕作，属地的土地逐渐变得贫瘠，再加上3世纪以后，地球进入寒冷期，不知不觉中已经无法保证罗马市民所需的食物量。就这样，食物和奴隶这两种能量供给源逐渐减少，古罗马也逐渐丧失了扩张的势头[19]。

农奴和领主——中世纪封建社会的诞生

随着版图扩张的步伐放缓，新的奴隶逐渐减少，古罗马开始寻求能够取代奴隶的劳动力。于是，贵族便开始拉拢因被奴隶夺去饭碗而没落的农民。作为农场主，贵族们为了确保有劳动力耕种自己的土地，便开始将土地出租给农民并收取地租。这些农民就是古罗马的佃农，即没有土地的农民。然而，在农耕社会，确保稳定的农业劳动力比任何事情都重要，这种程度的调整还不能给社会带来真正的稳定。

于是便产生了优先享受超额利润——农耕带来的剩余食物——的贵族等统治阶层，以及奴隶、佃农等什么都分不到的从属阶级。在这样的社会中，统治阶层总是有动机地进行经济学术语中所说的寻租（为了自己的利益而改变制度、政策等），并以维护自身利益的形式塑造社会的秩序和规则。对于当时的统治阶层——土地所有者——来说，确保有劳动力承担农活儿比什么都重要，所以他们利用自己在社会上的优势地位，逐渐加强了对佃农的束缚。其结果是，最初享有自由权的佃农在不久后被限制离开土地，并逐渐被土地束缚。领主—农奴这一中世纪的封建社会结构就此建立。

黑暗的深渊和文明之光

归根结底，西方的农耕社会是一个总要让一定数量的人承受亚当所受折磨的社会。这种黑暗可以说是从古代到中世纪，西方文明在不同程度上经历过的。对于亚当和与他处境相同的人来说，这或许就是一场让人抱有幻想，觉得本不该如此的骗局。建立在这些牺牲之上的文明社会之光，以凌驾于黑暗深渊之上的气势日益闪耀，最终成为掀起新能源革命的原动力。其结果是产生了一场巨大的变革，让上帝带给亚当的惩罚无效，直到一个新的社会诞生——工业化社会。但是，在实现这一变革之前，必须以耗尽某一资源之势彻底用完这种资源。

第一部分　追求数量的旅行

能源朝圣之旅之三——
黎巴嫩雪松

初夏的一个周末，笔者清晨从黎巴嫩的首都贝鲁特出发，坐在摇晃的大货车里，一路向北。透过左侧的车窗，广阔的地中海映入眼帘，碧波荡漾的海面上，祖母绿的光带时隐时现，让人百看不厌；而在另一侧的悬崖上，白色的石灰岩上簇拥着许多橄榄树和松树。坦率地说，这片贫瘠的土地令人感到枯燥，笔者的目光自然而然地转向左侧美丽的大海，但这次旅行的目的地就在山坡上。笔者望着绵延不绝的石灰岩山坡，想象着山体迟早会出现的变化，又使内心充满了期待。

黎巴嫩雪松和周围的荒山

能源朝圣之旅之三——黎巴嫩雪松

我们乘坐的车辆即将告别地中海，驶入黎巴嫩的山脉。汽车沿着崎岖蜿蜒的山路行驶，窗外是陡峭的峡谷。随着车辆的行进，海拔不断上升，当我们到达一个叫作卜舍里的山中小镇时，海拔已经爬升至1450米。距离从贝鲁特出发已经过去2个小时。

卜舍里镇上的基督教教堂和修道院林立，形成了一道独特的风景线。小镇附近的山坡上开辟了梯田，整齐地种植着苹果树；而环绕整个小镇的黎巴嫩山脉的群峰却都是光秃秃的。海拔3000米是草木无法突破森林的界限，黎巴嫩山脉的最高点已然达到了这一高度，因此在卜舍里镇眺望远方，就可以看到令人感到不可思议的景象——海拔2000多米的峰峦上寸草不生。

在卜舍里镇稍作休息后，我们再次乘车猛地冲上山坡。在海拔超过1700米的地方，景色开始发生变化。前方崩塌的石灰岩缝隙中杂草丛生，我们仿佛进入了一个荒凉的世界。这里就是从卜舍里镇看到的荒山。大约5分钟后，一片郁郁葱葱的森林出现在我们眼前——这里就是笔者此行的目的地。

这里是一块宝地，可以看到曾经覆盖群山的黎巴嫩雪松留下的痕迹。黎巴嫩雪松是一种松科树木，曾经广泛生长在黎巴嫩和中东地区的高原山区。成年后的树身十分高大，高度约40米，树干周长约10米，树龄最长可超过1000年[20]。

黎巴嫩雪松笔直粗壮，木质坚硬不易腐烂，是不可多得的造船材料。另外，黎巴嫩雪松由于带有清香，因此成了古代以色列的所罗门王建造所罗门神殿，以及各地建造神殿和宫殿的珍贵材料。在古埃及，人们非常重视死后的世界，而黎巴嫩雪松也被用来制作国王的棺材。黎巴嫩雪松能够为人类提供优质的木材，但由于长期以来的乱砍滥伐，现在已近乎灭绝。黎巴嫩的山脉顶部曾经满是自然生长的雪松，如今这里已经变成了一望无际的荒山。

漫步在荒山的一角，仅存的黎巴嫩雪松林中（只能称之为林，而不能说是森），"森林"的味道和柔软的泥土令笔者心情舒畅。笔者来到一棵特别粗壮、树龄超过 1000 年的雪松跟前，触摸它的树干，感受生命的跃动。笔者站在笔直的雪松下方，缓慢地抬起头，迎着透过树枝的阳光望向湛蓝的天空，想象着洪巴巴曾经栖息的富饶森林[21]。

《吉尔伽美什史诗》中洪巴巴的故事

洪巴巴的故事是人类最古老的故事之一，记录在著名的《吉尔伽美什史诗》中。洪巴巴的故事既是古代英雄的故事，也是世界上最早的关于人类破坏自然的文献记录。《吉尔伽美什史诗》的主人公吉尔伽美什是真实存在的乌鲁克国王。乌鲁克是公元前 2600 年美索不达米亚南部的繁荣文明——苏美尔文明——的代表城邦之一。吉尔伽美什希望通过建设气派的城市来获得不朽的名望，并决定与盟友恩奇都一起进入森林砍伐大量的黎巴嫩雪松。那片森林里有一只魔兽——洪巴巴，奉苏美尔至高神恩里勒的命令保护森林。

吉尔伽美什带着一把象征文明的金属斧子，与恩奇都一起进入黎巴嫩雪松林。起初他们被森林的美丽所打动，停止了行动，但过了不久又重新振作精神，开始砍伐黎巴嫩雪松。被伐木声惊醒的洪巴巴怒视着侵略者，口中喷出火焰，扑向吉尔伽美什。一番激战后，洪巴巴战败，被砍掉头颅。失去守护神的黎巴嫩雪松林最终被砍伐殆尽。

至高神恩里勒对此感到愤怒。"大地将被烈焰吞噬，食物将被火焰焚尽"，恩里勒预言了来自大自然的惩罚。而正如他所言，天空神安努带来了7年的饥荒。

作者的祈祷

在过去，黎巴嫩山脉和包括美索不达米亚冲积平原（河流沉积作用形成的平原）在内的丘陵山区都长满了黎巴嫩雪松。但是，现在几乎见不到雪松的影子。孕育了文明的底格里斯河和幼发拉底河流经的伊拉克地区沙漠化加剧，黎巴嫩山脉几乎变成了石灰岩裸露的荒山。从古代美索不达米亚文明，到后来的古希腊和古罗马时代，附近的森林不断被砍伐，地表土壤全部流失。目前，黎巴嫩境内仅有四五处雪松林，其中，卜舍里近郊的雪松林保存得较为完好，已被列为世界遗产。

《吉尔伽美什史诗》究竟是不是歌颂吉尔伽美什卓越功绩的英

雄传呢？洪巴巴故事的创作背景又是什么？这是不是对不断破坏森林的人类发出的警告？

《吉尔伽美什史诗》中洪巴巴的故事揭示了一点，那就是写故事的人知道，破坏森林会招来洪水、土地荒漠化等自然灾害。自创作出《吉尔伽美什史诗》的几千年前，美索不达米亚周围的森林不断被砍伐，周边地区的沙漠化逐渐加剧。创作出《吉尔伽美什史诗》的人从经验中得知，破坏森林会招来可怕的后果。

他们还从经验中得知，文明社会中的人类一旦进入森林就会开始破坏。人类社会的欲望一旦燃起便无可阻挡。因此，至高神恩里勒才会派洪巴巴守护森林。

然而，黎巴嫩山脉上层裸露的石灰岩山体表明，作者的祈祷并没有得到眷顾，洪巴巴真的死了。

短短1小时的散步结束了，笔者在返程的途中来到了植物群落附近裸露着岩石的斜坡。笔者尝试着爬上半山坡，脚下石块崩塌，白沙飞舞。这时一阵风吹过，那风声好似洪巴巴的哀叹。

第三章
森林能量

森林支撑了文明的技术发展

人类建立的文明社会，通常伴随着大规模的森林砍伐。木材是建筑物和船舶的主要材料，也是用于烧制陶器、砖瓦或洗脱金属的窑炉的燃料。太阳能孕育森林生长，从能量的角度来看，对森林资源的利用，是继农耕之后人类占有新太阳能的行为。

利用森林资源的困难之处在于，与谷物等每年能带来收获的一年生植物不同，树木的生长需要相对漫长的岁月。以代表性建筑材料杉木为例，杉树成长到可以作为建材使用的大小需要 40 年至 50 年，而日本扁柏需要 50 年至 60 年。也就是说，每一棵成年的杉树和日本扁柏都储藏了倾注在土地上的 40 年至 60 年的太阳能。

因此，砍伐并利用 50 年树龄的杉树或日本扁柏相当于消耗了收获同样面积下一年生谷物能量的约 50 倍。这是一项巨大的能量消耗。如果树龄超过 100 年，其所保存的太阳能量就更多了。

从能量的角度来看，树木是大型的太阳能储藏库。

人类对森林资源这种宝贵能源的利用如流水一般，而文明社会就是在这一基础上建立的。可以说，砍伐森林资源提供的能量支撑着文明社会的技术进步。

首先，象征着文明社会的冶金技术需要让炉子持续保持高温，而这就需要大量的木炭。木炭是将木材放在窑中蒸烤炭化而成的，制作木炭也需要烧柴。在建筑材料领域，人们学会了烧制砖瓦，克服了风干砖坯怕雨的弱点，还通过火烤石膏，开发出了可以用来制作水泥的烧石膏。生产这些材料也要消耗木炭和柴火。

其次，建筑技术也在不断进步。为了以施政者的宫殿为中心建造更多的大型建筑，支撑建筑的木材供应不断扩大。吉尔伽美什之所以闯入洪巴巴居住的森林，正是因为他希望通过砍树建造气派的城市来获得不朽的名望。

最后，随着贸易的发展，支撑城市间贸易的船舶制造技术也在朝大型化的方向发展。对木材的需求，尤其是对挺拔大树的需求量不断增大，就连树龄很长的黎巴嫩雪松也难逃被砍伐的命运，这使得森林再生变得十分困难。

人类的大脑造就了洪巴巴，又将其埋葬

在古代美索不达米亚，苏美尔文明首先在底格里斯河和幼发

拉底河下游地区兴起，之后，文明的中心逐渐向上游地区移动。在文明区域附近，由于过度砍伐森林资源，含有盐分的沙土不断流失，因砍伐森林而频繁发生的洪水将流失的沙土带到下游堆积。因此，农地土壤盐渍化及沙漠化的加剧被认为是城市文明中心从下游向上游移动的原因。

翻看当时的农业记录，发现南部主要农业区吉尔苏的大麦产量，在公元前2400年达到平均每公顷2537升。令人惊讶的是，其产量规模与现在的美国无异。但是，在300年后，大麦产量竟跌落至过去的40%。随着时间的推移，古代美索不达米亚文明所面临的水土流失造成的土壤盐渍化不断加剧，并逐渐变得无法逆转[22]。

古代美索不达米亚人不可能没有注意到如此明显的环境变化。当意识到森林资源的砍伐与沙漠化之间存在因果关系时，他们就知道了保护森林的必要性，也正是这样的问题意识造就了洪巴巴。

然而，他们无法抑制伐木的欲望，这就是不断渴求更多能量的人类大脑的可怕之处。结果就是，原本为了遏制自己的行为而诞生的洪巴巴，最终被象征文明的利器——金属斧头——所埋葬。

不断重复的错误——文明衰退的原因

距离洪巴巴被埋葬约900年后，公元前1700年，美索不达米亚的土地上出现了因将"以眼还眼"写入《汉谟拉比法典》而闻名的汉谟拉比王。汉谟拉比王是城邦国家巴比伦的国王，巴比伦位于吉尔伽美什统治的乌鲁克城上游约200千米处。

在这一时代，美索不达米亚森林资源枯竭的现象愈发严重。汉谟拉比王是一位完善了法典的国王，他没有依靠类似洪巴巴的神话故事，而是更加直接地下达了命令，在汉谟拉比的土地上，"哪怕只是折损了一根树枝，也绝不轻饶"。为了确保所需的木材数量，人们开始从遥远的地中海克里特岛采购木材。

克里特岛拥有丰富的森林资源，不仅是木材出口基地，也是青铜器和陶器的制造基地，呈现出一派繁荣的景象。此处诞生的文明被称为米诺斯文明，米诺斯的中心城市克诺索斯中有一座使用大量巨木建造的华美宫殿，然而，依赖森林资源的社会并不能持久。公元前1500年左右，森林资源消耗殆尽，而米诺斯文明也在公元前1400年左右灭亡。

继米诺斯文明之后，迈锡尼文明兴起，迈锡尼文明的中心是位于希腊本土伯罗奔尼撒半岛东部的迈锡尼城。迈锡尼遗迹的发现者是因发现特洛伊遗迹而闻名的海因里希·施里曼。迈锡尼也是一个因丰富的森林资源而繁荣，随着资源枯竭而逐渐衰退的文明。在这个时代，人们在砍伐森林后的丘陵地区开辟了农田。但由于土地退化严重，特别是在容易流失土壤的斜坡，谷物的产量逐渐减少。后来人们开始种植橄榄树，这是一种在贫瘠的土地上也能生长的植物。

现在，地中海沿岸的巨木森林消失，满地都是灌木橄榄树，而这就是常年破坏自然生态的结果。

迈锡尼近郊的森林被破坏殆尽之后,文明的中心为了寻找森林资源而向大陆方向移动,由此诞生了以雅典为代表的城邦国家群。不久后,文明的中心进一步向内陆移动,直至亚历山大大帝大有作为的所在地马其顿。马其顿之所以能够称霸,完全是因为森林资源丰富,销售木材获得的丰厚财政收入和手持6米木制长枪的军队为马其顿开辟了一条征服之路。

在古代美索不达米亚文明和古希腊文明,以及世界各地的文明中,反复出现将森林砍伐到不可再生,永久改变土壤环境的错误,而这也是众多古代文明衰退的重要原因。从长远来看,任何一个消费速度超过资源再生速度的社会都将因资源枯竭而面临衰退的命运。

日本寺庙中森林被破坏的痕迹

话说回来,你可能会认为绿意盎然的日本与这种破坏森林的行为毫无关系,但事实上并非如此[23]。

在日本,从飞鸟时代到奈良时代,从推古天皇到桓武天皇之间的大约200年间,共迁都21回,每次迁都会砍伐附近的森林。特别是在建设平城京时,以东大寺为首的巨大木结构建筑极尽隆盛,再加上大佛的铸造,消耗了大量的木材。结果就是,畿内(译者注:帝都的所在地)许多针叶树和阔叶树杂交的自然林消失,贫瘠的土地上长满了赤松[24]。平安京建都后，日本不再频繁迁都，这与畿内附近森林资源的急剧丧失不无关系。

与地中海沿岸的黎巴嫩雪松相比，日本最好的建筑木材是日本扁柏。奈良时代的巨型木结构建筑中大量使用了高大的扁柏，但随着时代的发展，高大的扁柏越来越少。进入近代时期，即丰臣秀吉和德川家康时代，日本各地开始建造巨型城郭，全日本范围内的毁林现象加剧。

东大寺大佛殿曾两次被焚毁，之后分别在镰仓时代和江户时代重建。但由于森林资源枯竭，江户时代已经没有可以用来制作柱子的巨大扁柏，所以只好选用榉树，并用扁柏板围挡，拴上铜环，打入铁钉[25]。另外，建筑物的尺寸也缩小至奈良时代的66%，柱子的数量也从84根减少到了60根[26]。兴福寺中金堂自江户时代被烧毁以后，时隔300年于平成年间重建。重建时的大小和样式与烧毁前相同。但是，日本在重建中金堂时没有在国内采购木材，而是从喀麦隆进口了巨大的榉树[27]。

这种人为破坏森林环境的行为，在历史建筑上留下了深深的烙印。

军事与森林的密切关系持续到19世纪

为什么古代的文明社会要肆意消耗森林资源，就算因此走向灭亡也在所不惜呢？强化支撑国家权力的军事力量，需要大量的木材，这对文明社会产生很大的影响。简单来说，森林资源的多寡会直接影响军事实力。

森林资源与军事力量紧密联系在一起，其中有两个较为明显的连接点。

一个是金属武器的出现。用金属加工而成的武器锋利坚硬，与过去用石头和木头磨尖制成的武器相比杀伤力更强，且经久耐用。不难想象，一旦发生战争，用金属武器武装的军队能够占据更大的优势。农耕社会点亮了文明之光，同时也孕育出了象征黑暗的战争，而制造金属武器的能力发展成为具有社会比较优势的军事力量。越是强大的社会越热衷于冶金，结果导致附近的森林资源被严重消耗。

起初，军事技术利用冶金制造斧头和武器，而到了中世纪，诞生了大炮等新型武器。人类从未停止过使用金属武器，森林资源支撑军事力量的模式一直持续到了以煤炭为基础的新炼铁技术确立，即工业革命时代。

森林资源与军事力量的另一个连接点是建造军用船舶。这一点可能会让人感到意外，但随着城市间交流的推进和海洋贸易的繁荣，拥有制海权、保护港口和航海安全直接关系到国家的兴衰。海军力量的大小决定了制海权的强弱，而海军比拼的是船舶数量和对船舶的操控技术。

船舶数量由木材的供应能力决定，与冶金大量消耗木炭和木柴一样，建造军用船舶也会消耗森林资源。但是，与冶金的消耗量相比，造船消耗的木材量不值一提。使用木材建造军用船舶的特别之处在于必须确保木材的质量。

原本适合用来建造船舶的木材是以黎巴嫩雪松为代表的笔直的大树。为了在战斗中取得优势，军用船舶特别需要依靠高质量的木材来提高机动性和操纵能力。

从古代到中世纪，军用桨帆船在地中海地区大放异彩。由于人对船的操控能力与划手人数成正比，因此为了配备更多的划手，船身必须更大、更修长。

表现较为突出的古希腊的主力战舰——三列桨战船，曾在公元前480年的萨拉米斯海战中击败波斯阿契美尼德王朝。三列桨战船全长约36米，宽约6米，船身较细，170名划手分为3列[28]。

在古希腊，随着森林不断被砍伐，乔木，越来越少，所以采购用于建造三列桨战船的笔直木材十分困难。历史学家修昔底德详细记录了古希腊世界展开的伯罗奔尼撒战争，从他的记述中可以看出，每次海战取得胜利后，人们都会四处回收漂浮在战场上的敌我船只残骸[29]。

中世纪以后，多桅帆船成为主流，船的两舷摆满了大炮。随着船舶的大型化，航海范围也扩展到了全世界。此外，桅杆的尺寸取代了划手的数量，成为人类操纵船舶的关键。特别是主桅杆，必须是笔直的巨木，所以采购巨木的能力直接与国家海军力量联系在了一起。

第三章　森林能量

1588 年，英国在英吉利海峡击败西班牙的无敌舰队，之后成为海上霸主。作为海洋国家，维持和加强海军力量一直是国家的命脉，而这也是一场围绕由笔直巨木制成的桅杆而展开的战斗[30]。

随着国家的日益兴盛，英国也在不遗余力地迅速消耗着国内的森林资源。到了 17 世纪中叶，海军所需的桅杆主要依靠波罗的海沿岸地区供应。从波罗的海沿岸地区进口桅杆必须经过几个狭窄的海峡，这些海峡一旦被封锁就会导致断供。实际上，当时与英国争夺海洋霸权的荷兰开始有了封锁海峡的举动。这是国家级别的安全风险。现代日本的能源安全保障方面存在类似的风险——日本大约 80% 的进口原油都要通过中东的霍尔木兹海峡。

英国的国家安全保障方面存在很大的漏洞，但当时的英国遇见了救世主——一个新的世界，即美洲大陆。美洲东北部的新英格兰地区生长着许多最适合当作桅杆的美洲五针松，这一森林资源为英国皇家海军带来了军事优势。海军预定了优质的大树，并打上了代表英国官方财产的宽箭头标志。

法国试图与英国争夺北美大陆殖民统治的霸权。法国从邻近的殖民地——加拿大——的魁北克地区南下，矛头直指新英格兰地区的森林资源。但英国的防御坚不可摧，法军最终未能如愿以偿。从 17 世纪下半叶到 18 世纪，每当英法两国发生战争，法国军队就会伺机破坏新英格兰的森林。只要用手斧敲击三至四下，树木就不能用来制作桅杆了，所以法国采取了游击战，甚至还向

-- 45 --

当地的美洲原住民提供武器，让他们袭击英国殖民者。正是这些巨大的树木左右着国家的海军力量。

这些事例都可以证明，军事力量与优质森林资源之间的密切关系。这一关系一直持续到了 19 世纪中叶，工业革命推动了铁制材料的普及，人们开始用铁造船。

森林资源枯竭成为技术革新的原动力

人类不断地蚕食森林积蓄的太阳能，直到进入下一个光芒四射的工业革命时代。从古代到近代的人类文明就像一段长长的隧道，但这段隧道里并非只有黑暗。人类聪明的大脑也进化出了从危机中学习的能力，明显减少的资源成了技术创新的强大动力。

作为一种实用品材料，铜是人类最早能够熟练使用的金属。究其原因，铜矿石的产地相差无几，产出的铜矿石不仅可以在相对广泛的地区使用，而且与产量较大的铁相比，铜的冶金技术难度较低。

公元前 1200 年左右，位于地中海东部的塞浦路斯岛作为铜矿石的一大产地而闻名于世，铜的英文名 coppe 就是由此而来的。铜冶炼导致森林资源严重减少——这是冶金的宿命。塞浦路斯岛上的中心城市恩科米堪称世界上第一个工业城市，岛民大多以制造、出口铜锭为生。对于岛民来说，节省燃料关乎生死存亡。于是，当地的冶金匠们开始绞尽脑汁寻找新的技术。

一种新的方法——浸出法——在这一背景下应运而生。浸出法是一种通过将原矿石浸入水、酸性、碱性溶液中来溶解目标物质的方法。塞浦路斯岛上的冶金匠们发现，不能将开采出的铜矿石直接放在窑炉里加热，只要先将铜矿石暴露在野外，就可以利用天然的湿气浸出矿石中的部分杂质。这一发现能够减少去除杂质所需的冶炼次数，从而将燃料消耗减少到传统工艺所需燃料的三分之一[31]。这是在资源减少的背景下诞生的新技术，也是节能技术的开端。

事实上，如果从能量的角度来看，人类文明创造的许多技术都称得上是节能技术。比如，支撑信息通信技术的微处理器技术。1971年推出的第一代微处理器英特尔4004，与第六代英特尔内核相比，性能提高了3500倍，工能效率提高了90000倍[32]，而制造成本降至六万分之一。

近年来，信息通信技术突飞猛进，但深究起来，其中大部分是可以提高单位功率处理能力的节能技术，以及通过减少制造成本，即制造过程中投入的材料量和能源量等形式，来达到节能目的的技术。正是这样一次次的积累，才使得人类文明发展至今。

古代塞浦路斯人从事的回收工作

森林资源枯竭带来的另一个趋势是促进了资源的回收利用。由于矿石中的金属数量有限，因此回收仅由熔炼金属制成的金属产品成了一种非常节能的行为。人们很早就开始回收利用青铜制品。

在塞浦路斯岛繁荣的年代，人们开始了大规模的回收行动。从土耳其西南部的地中海打捞上来的古代沉船中有大量青铜工具和产自塞浦路斯岛的铜锭，其中大部分青铜器自打捞时就破损残缺或是呈碎片状态。

这些碎片与其他碎片的型号不符，由此可以推断，它们原本就是破碎的，而不是沉船时被打碎的。因此，人们认为这艘船既要运载塞浦路斯铜锭，又要回收破损的青铜碎片[33]。

如此大张旗鼓地推行回收利用，既能体现出与洗矿相比的优势，又能展现青铜金属的优势。

以人类对铜的利用为契机，真正开始发展的冶金技术之一是增加金属硬度的技术。铜是一种柔软的金属，不能直接用来制造有硬度要求的工具。为了解决这个问题，人们开始不断磨炼能够增加硬度的技术，即向铜中加入添加剂。

起初，人们选择使用铜矿石中含量较多的砷，但砷的毒性很强，不容易处理。不久后，人们发现使用锡作为添加剂，可以在保证安全的情况下制造出硬度高、加工性强的理想中的金属。制造方法由此确立，这是人类历史上第一次用金属制造青铜。青铜的特点不仅仅是增强了金属的硬度，向铜中加入锡还能大幅度降低金属的熔点，即金属从固体变成液体时的温度。

铜的熔点为1085℃，而锡的熔点只有232℃，如果同时加热这两种金属，那么受到熔点较低的锡的影响，铜会在 800℃ 左右熔化。因此，与从铜矿中冶炼新铜相比，熔化和回收青铜制品可以更低的热量进行冶金。由于熔化和回收青铜制品在能源效率方面具有显著优势，青铜产品的再利用逐步渗透到古代社会，以至于出现了回收青铜制品的贸易船。

正如我们所看到的，塞浦路斯岛的居民通过开发浸出法这一节能技术和彻底的循环利用，积极地推动了节能措施的实施。但遗憾的是，这些措施并没有阻止塞浦路斯岛森林资源的消耗。塞浦路斯岛的铜矿产业在公元前 1200 年左右迎来鼎盛时期，而最后一座铜矿于公元前 1050 年关闭[34]。就这样，塞浦路斯岛因铜冶炼而迎来的繁荣，在仍有可供开采的铜矿石的情况下宣告结束。

炼铁技术的普及将对森林的破坏扩大到全世界

在青铜时代结束后，人类迎来了铁器时代。铁矿石的产量不仅远大于铜矿石，而且与铜相比，铁还具有决定性的优势——铁可以通过混合碳这种常见元素来增强硬度，从而形成钢。所以铁的通用性远高于需要添加稀有金属锡的铜。

那么，为什么铁器时代的到来晚于青铜器时代呢？这是因为炼铁存在两大技术难题。

第一，铁的熔点是 1538℃，比铜的熔点高 400℃ 以上，解决这一问题的难度非常大，在近代的反射炉和转炉被开发出来之前，

第一部分　追求数量的旅行

人类无法像熔化铜那样完全熔化铁。

因此，早期的炼铁方法中利用了化学反应，通过让铁矿石中的氧化铁接触一氧化碳，将氧转化为二氧化碳并除去，从而得到铁。通过这种方法，人们可以在400℃至800℃的低温环境下促进反应，获得铁块。但是，利用这种方法获得的铁块虽然柔软，形状却会维持在球形，且表面呈布满氧气孔的海绵状。另外，由于无法完全去除杂质，因此还需要在高温状态下敲击铁块，尽可能地挤出杂质，填补孔洞。也就是说，使用这种方法很难进行大规模生产。想要实现大规模生产，就必须开发出像熔铜技术一样的熔铁技术。

就像铜与锡混合可以降低熔点一样，铁与碳混合也可以降低熔点，降至1200℃左右。

1200℃以上的高温环境，随着人们使用风箱持续向窑炉送风，问题得以解决。人类为大规模生产铁开辟了道路，不过，还有第二道技术性难题。

第二道技术性难题是与碳有关的问题。碳作为增强铁硬度的添加剂，可以通过燃烧木炭获得。但是，调整添加量是一件十分困难的事。

事实上，生铁是通过利用风箱向窑炉送风制成的铁碳合金，生铁中含有4%以上的碳，这就会产生一个新的问题，那就是生铁的硬度过硬，反而变得易碎。抛开铸件不谈，使用钢制造刀具、农具等坚硬不易损坏的工具时，碳含量必须控制在2%以下。为了解决这一问题，需要额外的脱碳工作，即让生铁在高温环境下与空气接触，使生铁中的碳与氧发生反应。

由于炼铁与制铜相比，需要更高的技术和更多的时间，因此铁器的普及远远落后于青铜。但是，炼铁技术一旦普及，由于其丰富的资源和较小的地域性差异，金属文化将在世界范围内广泛扎根。

除此之外，炼铁需要大量的木炭和柴火，这一点与制铜毫无差别。钢铁技术的普及不仅增加了全球森林资源的负担，也加剧了全球森林资源的消耗。

人类为什么会破坏森林资源？

正如上文所述，文明的发展基于包括太阳能在内的两种能源，也就是支撑人口增长的农耕食物供给和支撑技术发展的森林资源供给。

在农耕食物供给方面，尽管连年耕作导致土地贫瘠，且容易受到气候变化的影响，但在漫长的历史中，农耕能够为人类带来稳定的剩余食物。因此，能量收支大致保持正增长。尽管城市化进程导致的流行疾病和寒冷化导致的粮食歉收，使能量收支在中世纪出现了短暂的停滞，但世界人口总体上保持增长，这使得人类历史上出现了非线性的变化，堪称第二次能源革命。

在森林资源供给方面，由于消耗远远超过了森林的再生速度，能量收支一直呈负增长，这是不可持续的。冶金技术虽然是支撑文明发展的先进技术，但如果从能量的角度冷静地评估，就会发现这只不过是第一次能源革命，即"火的利用"的另一种形式，其中并没有包含可以称之为"革命"的创新性。

与人类第一次使用火的时候一样，这只不过是将周围存在的草木作为燃料，将火释放出的热量作为热能使用罢了。从能量的角度来看，可以说是取得了进步，但说得极端些，就是学会了制作炉子的技术，提高了处理火的方法，能够更有效率和更有效地使用火释放出的热能。

那么，你可能会问，我们为什么要在本章中回顾与能源革命毫无关系的森林资源丧失的历史呢？其中一个原因是，森林资源枯竭带来的危机感是引发下一次能源革命的原动力，但更重要的是，笔者认为，我们能够通过审视人类文明发展和森林资源丧失的历史，发现人类潜藏在深处的关于"能源问题"的思维方式。

人类活动造成的森林资源的丧失，改变了我们生活的地球环境。曾经长满黎巴嫩雪松的山峰、点缀着地中海沿岸的橄榄林，以及遍布京都三山的赤松林，这些景色都是因人类无情掠夺珍贵的太阳能储藏库——森林资源——而被半永久地改变了。从某种意义上来说，开始农耕生活、兴起文明以后，我们人类就对地球环境产生了革命性的影响。

在地质学的世界里，由于其影响之大，人们一直在讨论关于制定"人新世"这一新的地质年代的话题。

使用火，简而言之就是使用火的力量，比如食物，每个人的进食量都存在自然的极限，但能量的使用没有极限。因此，在渴求更多能量的人类大脑的驱使下，作为当时人类能够利用的唯一能源，森林资源承受了巨大的负荷。

当然，人类并不愚蠢，他们能够正确地认识到森林资源的丧失所带来的土壤流失和洪水等问题，并创造出了类似洪巴巴的抑制设置。尽管如此，人类仍然无法阻止森林资源的减少。想要控制拥有无尽欲望的人脑并不是一件容易的事。

为了阻止这种趋势，我们不得不等到18世纪的英国发明出不依赖柴火和木炭的新的炼铁技术，也就是依靠人类擅长的技术创新来解决问题。然而，通过技术创新来解决问题，使人类大脑的欲望得到进一步释放，最终还会引发未来的气候变化等一系列新的问题。

在下一章中，我们将聚焦能源使用量急剧增加的工业革命时代。从能量的角度来看，工业革命是一场真真正正的"革命"，也正是从能量的角度才能更加清楚地理解工业革命所具有的革命性意义。

能源朝圣之旅之四——

享受瀑布恩惠的城市

　　这里有一幅关于瀑布的画。茂密的丛林中，巨大的瀑布与宽广的河流相连，河流水量充沛，充满了自然之美。在河边还能看到因感受到瀑布的灵性，而献上虔诚祈祷的美洲原住民的身影。

　　这座瀑布的名字是圣安东尼，作为全长超过 3700 千米的密西西比河中唯一的一座瀑布而闻名。虽然最大落差并不算大，只有 23 米，但这一落差足以阻挡往来的船只。在西进运动时期，这座瀑布阻碍了密西西比河上来往船只的航行，隔断了水上交通。

　　直到一个从能量的角度观察瀑布的人出现，圣安东尼瀑布迎来了转机。1819 年，为在这片土地上建造堡垒的军人亨利·莱文沃思中校调查了瀑布周边，并提出建立木材加工厂和面粉厂的建议。他的设想是，利用瀑布的水力带动锯子，切开原木并加工成木材，然后转动磨盘将小麦磨成面粉。

能源朝圣之旅之四——享受瀑布恩惠的城市

18 世纪前后的圣安东尼瀑布（©Minnesota Historical Society）

根据这一建议，继任者乔赛亚·斯内林上校及其部下于 1823 年建成了第一座木材加工厂和第一座面粉厂。就这样，这座瀑布开始为工业所用[35]。不久后，瀑布周围就聚集了很多人，逐渐形成了村落，这就是现在明尼苏达州的明尼阿波利斯。

一般情况下，瀑布大多位于险峻的深山之中，想要利用其水力，往往受到诸多限制。在这一方面，明尼阿波利斯的地理位置就非常具有优势，因为圣安东尼瀑布位于平地之上，虽然落差小，但密西西比河水量丰富，除了水运行业，利用瀑布的落差足以发展工业。

早期的明尼阿波利斯因木材加工业而繁荣，明尼阿波利斯的木材是从密西西比河上游运来的原木。

1860年前后的圣安东尼瀑布（©Minnesota Historical Society）

从1860年前后的照片来看，木材加工厂覆盖了整个瀑布，雄伟壮丽的瀑布已不同于往日。

此后，为了进一步有效利用瀑布的能量，明尼阿波利斯的人们开始在瀑布旁开辟引水渠。这么做是为了将水引入河岸的面粉厂，让水力变得更强，更直接地用于制作面粉。挖掘水渠带来了价值，完全是因为附近的瀑布能够提供稳定的水量和一定的落差。

人们在修建了引水渠的先进面粉厂的正下方各挖一个坑，每个坑中配备一个涡轮，通过引水渠将水引入坑中，带动涡轮，涡轮直接带动上方建筑中的磨面粉机，将小麦磨成面粉。

通过更加有效地利用瀑布的能量，以建成后连续40年占据全球面粉产量第一的沃什伯恩面粉厂为首，大型面粉厂相继在河岸拔地而起。明尼阿波利斯的面粉加工业飞速发展，截至19世纪末已经成为当地的代表性产业。当时的明尼阿波利斯也被称作"Mill City"（面粉城），正是圣安东尼瀑布的能量造就了这座工业城市。

明尼阿波利斯人珍视的东西

生活在现代社会，特别是生活在发达国家的人们，无论在哪里都能理所当然地获得能量。比如，输配电网遍布五湖四海，几乎到处都有稳定的电力供应，很少会出现停电的情况。此外，铁路网和公路网高度发达，使用货车和卡车运输化石燃料也变得更加容易。如此一来，在工厂和住宅的选址上，有关能源的制约因素变得越来越少。

然而，正因为如此，我们才逐渐忘记了能源是多么珍贵的东西。以明尼阿波利斯人对圣安东尼瀑布的充分利用为例，先民在历尽千辛万苦的同时，有效地利用了宝贵的能源。

为了尽可能地重温先辈们的辛劳，笔者来到了明尼阿波利斯。那是一个阳光明媚的5月，正值初夏时节。从2月到5月，密西西比河雪水汇集，这是一年中水量最多的时期，压倒性的水量带来了强劲的水流。虽然瀑布的落差很小，但依然气势恢宏。

现在，圣安东尼瀑布有两个水力发电站，人们对瀑布的能源利用通过电力的形式表现出来。19世纪末，瀑布附近的面粉厂鳞次栉比，而进入20世纪后，随着能源向化石燃料和电力的转变，面粉厂纷纷迁往美国各地，寻求更广阔、更方便的土地。如今，明尼阿波利斯的工业中心已经从面粉加工业转变为商业和金融业。

然而，明尼阿波利斯人至今仍心怀感恩之情，因为圣安东尼瀑布是城市发展的基石。曾经面粉厂林立的区域作为 Mill District（面粉厂区），成了历史保护区，目前正在被改造为公寓和办公楼，尽力保留了面粉厂的建筑外观，其中一个面粉厂被改造成了历史博物馆。这座博物馆中保存着与瀑布共同发展的城市记录，每一份展示资料都洋溢着人们对圣安东尼瀑布的感激之情。

现在的圣安东尼瀑布

明尼阿波利斯人的这种表达爱的方式与古代美洲原住民怀着敬畏之心崇拜瀑布的姿态不同，但是对支撑城市发展的能源怀有感恩之心，是全世界所有人类都应该共有的情感。从能量的角度回顾工业革命的历史，就能更加清楚地看到人类是如何驾驭强大的能量，实现跨维度发展的。

第四章
工业革命与能量

帆船、水车、风车

随着文明的诞生，手工业开始全面发展。随着人口集聚，文明兴起，出现了以手工业为生的工匠群体，进一步促进了相关知识的积累。结果就是，人类开始发明各种工具，其中包括一些直接关系到获取能量的发明。

首先与能量有关的发明是帆船技术。虽然没有留下明确的记录，但公元前 4000 年古埃及似乎就有了帆船。

其次是为了灌溉农田而发明的水车。水车是人类制造的第一台动力机器，公元前 3500 年兴起的古代美索不达米亚文明被认为是水车的发祥地。

早在公元前 150 年左右，古希腊就出现了用来将谷物磨成面粉的水车，而到了中世纪，水车的用途进一步扩大，除了制造面粉，还被用来带动钢铁厂的风箱和木材加工厂的锯子运转。在公元 1500 年左右，随着齿轮的引入，在水流平缓的河川也可以使用水车了[36]。

相比于水车，风车的发明要晚得多，最早的记录大约是在10世纪的波斯[37]。由于风与河流不同，风的方向不是固定的，所以在实际情况中难以应用。

帆船、水车和风车的发明是利用太阳能产生的风的流动、水的循环带来的动能代替人力，这些都是直接利用太阳能的方法，而不是通过植物的光合作用间接地利用太阳能。

然而，这些技术始终受到天气和地形的限制。例如，只能在河流经过的地方或大风吹过的地方使用。另外，获得的能源量取决于当地的自然环境，无法依靠人力改变。因此，虽然存在类似明尼阿波利斯利用特殊地理优势发展城市的情况，但这些技术不会带来从根本上改变整个社会结构的革命。

工业革命中发明的有实用价值的蒸汽机一举打破了自然环境的限制和桎梏，甚至改变了社会的整体结构。这才是继农耕开始之后，人类历史上的第三次能源革命。

改变能量形态的技术诞生

蒸汽机的发明是18世纪后期到19世纪的英国工业革命的代表性事件。如果我们从能量的角度审视蒸汽机的发明，脑海中最先想到的就是这项发明正式开启了煤炭时代。这一点非常重要。然而，蒸汽机的发明之所以真正具有革命性，是因为它改变了能量的形态。

在蒸汽机发明之前,人类都是使用自然界中的原始能量。比如,用火烹调,用窑炉加热矿石炼铜,都是利用燃烧柴火和木炭得到的热能实现的。也就是说,从柴火、木炭中提取热能并直接使用,其中的能量形态并未发生变化。

我们接着来看水车。水流的动能传递给水车,成为磨制面粉的动能,其中的能量形态也没有发生变化。

那么,蒸汽机的原理是什么呢?蒸汽机通过燃烧煤来加热水,并利用水蒸气所拥有的热能驱动活塞,从而提取动能。也就是说,蒸汽机能够将热能转化为动能,产生能量形态的转换。这种能量的转换正是蒸汽机所具备的新颖性和创新性,它不同于此前人类发明的水车和风车等动力机械。

如果从能量的角度来思考我们的身体结构,就能深刻理解能量转换技术的创新性。为什么这么说呢?因为我们人类可谓原始能量的转换装置。人类通过进食来吸收植物摄入的太阳能,并通过农活儿等劳动将其转化为动能,所以说人类就是一种能量转换装置。当然,其他动物也是如此,牛、马等耕畜(在农耕、搬运等劳役中使用的家畜)也是一种能量转换装置,它们能够将吃掉的饲料转化为动能。

蒸汽机这一能量转换装置的发明拥有无限的可能性,它不仅可以解放牛、马等传统耕畜,还可以替代文明产生的"黑暗面",即奴隶和农奴的人体能量。也就是说,这是一项伟大的发明,会使我们的社会结构产生巨大的变革。

然而，在工业革命时代，煤炭的利用之所以取得了进展，是因为蒸汽机只需要燃料的热源价值。煤中含有大量杂质，燃烧后会产生煤烟，与柴火和木炭相比，煤炭更加难以处理。但是，蒸汽机是一种将热能转化为动能的装置，所以，与煤炭的处理难度相比，煤炭所拥有的巨大热量和资源量被赋予了更大的价值。

蒸汽机的发明意味着所有的热源都能够被转换为动力。柴火、木炭、煤炭、石油、天然气，甚至连核能都可以作为热源为人类所用。这项发明扩大了燃料的选择范围，开辟了一条规模空前的大量使用能量的途径。因此，引领第三次能源革命的主角始终是实现了能源转换的蒸汽机，而不是煤炭。

蒸汽机的发明带来的启发

蒸汽机这种能量转换机器的发明为人类带来了许多启发，它提醒着人类，只要不断磨炼技术，就能迎来更加辉煌的未来。

首先，只要有足够的热能，就可以在任何地方将热能转化为动能，这使得工厂选址更加自由。对于水力贫乏地区（当时的主要动力源是水车）的居民来说，这是一项梦幻般的技术。另外，如果将机器改造得更小，那么不仅能脱离土地的束缚，还可以成为交通工具的驱动力。

其次，投入的热能越大，能量转换过程中的能量损失越小，

第四章 工业革命与能量

得到的动能就越大,这一现象为人类的技术创新指明了方向。随着技术的不断改进,我们可以期待未来从水车和风车获得无可比拟的巨大动能。

最后,我们可以通过观察蒸汽机转换能源形态的作用来科学地解释能量这种看不见的东西。可以说,所有关于能源的科学发现都是从观察蒸汽机的运作开始的。比如,能量有多种形式,不同形式的能量可以互相转换,总量保持不变等。爱因斯坦的重大发现,即表示质量和能量可以相互转化的世界上最著名的物理公式 $E=mc^2$,也是这些科学发现的延伸。

以蒸汽机带来的三个启发为基础的研究均取得了进展,其成果将人类社会推向了堪称第三次能源革命的新阶段。我们先来深入探讨前两个启发为社会带来的革命性变化,而关于第三个科学成就的历史,笔者将在第二部分进行详细介绍。

瓦特对蒸汽机的技术改进

世界上第一台有实用价值的蒸汽机是由英国人托马斯·纽科门设计的。纽科门制造的蒸汽机安装在英国中西部达德利城堡的一个矿井中,用于在挖掘煤炭时,抽取矿井深处的积水。1712年,这台蒸汽机在当时被称为"用火抽水的发明"。

纽科门设计的蒸汽机利用了大气压,因此也被称为气压式蒸汽机。图2是纽科门蒸汽机示意图。首先,锅炉里的水加热后变成水蒸气，水蒸气充满汽缸，推动活塞向上运动；然后将水注入汽缸，使汽缸内部急速冷却，水蒸气重新变成水，体积缩小，气缸内变成接近真空的低压状态，活塞在大气压的作用下向下运动。

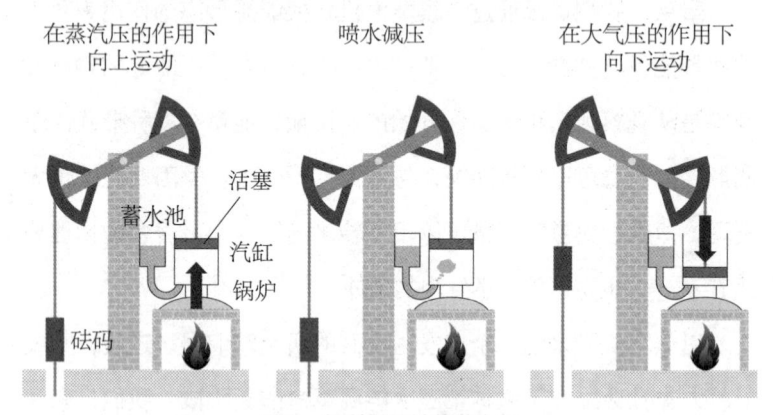

图 2　纽科门设计的蒸汽机

当活塞下降到底时，水蒸气再次从锅炉进入汽缸，向上推动活塞。

纽科门蒸汽机的最大缺点是必须反复冷却和加热汽缸以推动活塞，因此热效率极低，仅为 0.5%[38]。相对于投入的热能，转换后的动能太低，只能在大量使用煤炭的煤矿里取水。

对纽科门蒸汽机进行重大改良，真正开启蒸汽机时代的是出生于 1736 年的英国人詹姆斯·瓦特。瓦特心灵手巧，善于制作科学实验仪器，受雇于格拉斯哥大学。瓦特在这里获得了一次绝佳的机会。

格拉斯哥大学要求瓦特修理实验用纽科门蒸汽机，而他很快就发现纽科门蒸汽机最大的缺点是热效率差，于是便开始潜心研究解决方案。

瓦特产生了在汽缸外冷却水蒸气的想法。瓦特的蒸汽机中有一种叫作冷凝器的新型装置，打开连接到冷凝器的阀门，进入汽缸的水蒸气就能在汽缸外冷却。这一改进方法不再直接冷却汽缸，并成功地将获得相同功率所需的煤量减少到当时最先进的约翰·斯密顿改进版纽科门蒸汽机的一半以下[39]。

詹姆斯·瓦特的改良工作还在继续，接下来瓦特专注的是如何增大输出功率。在过去的蒸汽机中，活塞是依靠水蒸气冷却产生的接近真空的低压状态与大气压之间的压力差驱动的。这种压力差存在极限，就是无法超过大气压。瓦特想通过将大气压换成蒸汽压来突破这一极限。

图3是瓦特蒸汽机的示意图。锅炉送来的水蒸气进入汽缸顶部，向下推动活塞，活塞下部则在与冷凝器连接的阀门打开、内部水蒸气冷却后得以减压，这样活塞就完成了向下运动。

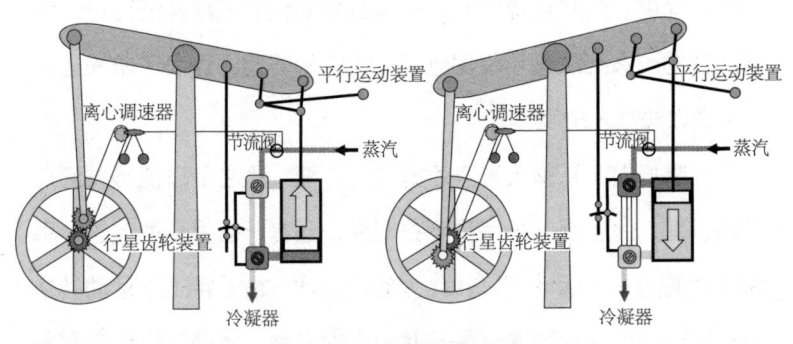

图3　瓦特改良后的蒸汽机

当活塞下降时，通过与横梁连接的开关启动阀门，将连接点反转，使汽缸顶部与冷凝器连接，底部与锅炉连接，从下方推动活塞向上运动。当活塞上升时，阀门开关再次启动，使锅炉和冷凝器与汽缸的连接点反转，然后不断重复这一动作。

就这样，瓦特成功地研制出了双向式蒸汽机，但是在实际应用中还存在一个很大的问题。双向式蒸汽机通过活塞的上下运动产生动力，并传递到横梁。但由于活塞的上下运动在一条直线上，而以支点为中心的横梁的运动轨迹是一条圆弧，因此，想要抑制变形并将两者连接在一起，就需要下一番功夫。瓦特发明了一种叫作平行运动装置的新型装置，解决了这一问题。

据说，瓦特最引以为豪的发明就是这种平行运动装置，它是一项非常重要的发明。

瓦特改良后的双向式蒸汽机，通过蒸汽压和接近真空的低气压之间的压力差驱动活塞运动。由于能够控制蒸汽压，即使缩小装置的体积，也可以获得充分的动力，并且能够自由地控制活塞运动的速度。虽然瓦特因冶金技术的局限性而无法高压运行，但他所做的一系列改进不仅促进了蒸汽机的普及，也表明未来还有巨大的改进技术的空间。

在詹姆斯·瓦特大显身手的时代，蒸汽机之所以能够得到广泛的应用，除了因为功率得到提高外，还有一项重要的改进，那就是活塞的上下运动可以转化为旋转运动。由于将上下运动转换为旋转运动的曲柄技术已经是其他人的专利，所以瓦特在专利问题上遇到了困难，但他发明了一种带有两个齿轮的新型行星齿轮装置来避免专利问题。后来，瓦特在旋转运动中连接了一种叫作离心调速器的装置，并通过将其与蒸汽的节流阀连接，实现了对活塞运动的自动控制，提高了运行的稳定性。通过这一系列改进，瓦特将蒸汽机引进了纺织厂等需要稳定旋转运动的工厂，加快了真正的工业化社会的到来。

詹姆斯·瓦特改良后的蒸汽机，使过去依赖水车动力的面粉厂和木材加工厂摆脱了土地桎梏，即只能建在水流湍急的河流旁，同时也解决了受水量增减影响而产生的输出不稳定的问题。这一改良增强了设计的自由度，为面粉厂和木材加工厂提供了新的发展契机。此外，蒸汽机也成了同一时代英国发明的升级版纺车——纺纱机——的动力源。纺织厂生产的棉织品很快就发展成为英国的主力产业。

冶炼技术创新支持工业革命

詹姆斯·瓦特将过去只能在煤窑深处抽取积水的蒸汽机改良成了工厂的动力源，因而作为工业革命的代表性人物被载入史册。英国首都伦敦的科学博物馆将进入馆内的第一个区域命名为能源厅，并在这里展示了詹姆斯·瓦特设计的一系列实用性蒸汽机。随着时间的推移，蒸汽机的尺寸越来越小，但无论是哪种蒸汽机，高度都远远超过人类的身高，给人一种震撼的感觉。

值得一提的是，瓦特生前使用过的工作室的一部分被移动到了大厅内保存。

比起宇宙飞船的模型等孩子们喜欢的展品，前来参观的人们首先看到的是有关詹姆斯·瓦特的展品，从这一点来看，我们可以强烈地感受到英国这一世界上率先实现工业革命的国家的自豪感。考虑到他对人类历史的巨大影响，詹姆斯·瓦特的确是一个了不起的人物。

但是，工业革命当然不是依靠瓦特一个人的力量实现的。特别是为了制造一台体型小、功率大的蒸汽机，必须有能够制造出可承受高温高压的锅炉和汽缸的技术。总而言之，炼铁技术的进步对于蒸汽机的改进是必不可少的。事实上，这种炼铁技术的进步也发生在工业革命时期的英国。在那个时代的英国，各个领域的不同层级都发生着可以称之为革命的重大变革。

炼铁是一种冶金技术，而从矿石中提取金属需要大量的木柴和木炭。笔者在上一章中提到过，自文明发祥以来，人类一直在为森林资源的减少而烦恼。工业革命前夜的英国也在为森林资源的减少而苦恼。尽管英国的铁矿石资源丰富，但森林资源匮乏，铁的产量停滞不前，工业革命前夜只能依靠从瑞典进口铁来缓解这一问题。从17到18世纪，英国的炼铁量只增长了10%至20%，而同期铁条的进口量增长了10倍[40]。瑞典当时对铁的出口施加了限制，导致英国的铁供给很不稳定，铁的价格也变高了。

在这样的背景下，英国开始悄悄地尝试利用中西部的高炉打开通往新时代的大门。亚伯拉罕·达比是盛产煤炭和铁矿石的塞汶峡谷沿岸的高炉的所有者，他开始尝试利用周围丰富的煤炭作为燃料，替代昂贵且越来越难购买的木柴和木炭。由于森林资源枯竭，当时的人们已经开始使用煤炭作为燃料，玻璃厂、砖瓦厂等也已经开始使用煤炭。当然，用煤炼铁在过去是一项考验，因为煤中的杂质能够使铁变质，所以这种方法并不实用。

达比利用自己过去制造麦芽的经验，通过蒸煤来获得去除杂质的焦炭。在高炉中燃烧这种焦炭解决了杂质的问题，煤炼铁法也由此诞生。当时是1709年，英国就是这样开辟了一条不依赖森林资源的低成本的铸铁道路。

后来，达比的儿子亚伯拉罕·达比二世继承了父亲的遗愿。为了寻找理想的焦炭，他反复进行试验，同时为了实现大规模生产，他还努力改进高炉。最终，他的努力取得了成果。1735年，焦炭炼铁技术大功告成。

那是詹姆斯·瓦特出生前一年发生的事。低成本铸铁技术使得铁的供给量急剧增加，制造铁制蒸汽机的费用下降，而这使得蒸汽机的普及成为可能。

冶炼技术和蒸汽机的协同效应

继达比父子的技术革新，即降低铁的价格，提高供应量之后，提高炼铁质量的重要技术革新也将在英国的大地上开花结果。这次的主角是约翰·威尔金森，他于1728年出生在英格兰西北部的坎布里亚地区。威尔金森的父亲是一名铸造工程师，而他也成长为一名优秀的炼铁工程师。为了减少大炮发射时炮筒爆裂的事故，威尔金森一直在研究提高炮筒强度的方法。过去的方法是用铸模制造炮筒，但这样容易造成炮筒强度不均。经过反复试验，威尔金森发明了一种不使用铸模，直接从铸铁块中精确地挖出炮筒的技术，当时是1774年。

这项技术最初是一项军事技术，但它对于蒸汽机的改良来说是必不可少的。这一技术确保了詹姆斯·瓦特开发的蒸汽机的关键——汽缸和活塞——的强度和精度，也确保了瓦特蒸汽机的成功。

瓦特钟情于威尔金森的技术，并开始从威尔金森经营的工厂采购汽缸、活塞和其他部件，组装蒸汽机。正是由于威尔金森研发的技术，瓦特蒸汽机才能充分发挥能力。

炼铁技术的革新在蒸汽机的黎明时期做出了巨大的贡献，而蒸汽机的改良也有助于进一步提高炼铁技术。通过蒸汽机不断地向炉内送风，大型炉子也能维持内部的高温环境。

有一个象征性的故事能够说明这种协同效应。最初的几台瓦特蒸汽机是用威尔金森工厂生产的零件组装而成的，这些蒸汽机作为零件的货款被支付给了威尔金森，它们被用来当作工厂高炉的鼓风机[41]。炼铁技术和蒸汽机产生了积极的协同效应，每一项改进都能带领对方实现进一步的改进，而这也使英国的工业革命变得更加强大，更加无与伦比。

突破成长极限？

不久后，铁的使用扩展到建材行业，真正地开辟了铁的时代。1781年，世界上第一座铸铁拱桥在塞汶峡谷上架起，当时达比家族的当家人是亚伯拉罕·达比三世。1818年，一艘铁制船"巴尔干"号在苏格兰格拉斯哥近郊的福斯和克莱德运河下水。就这样，铁材在各种各样的用途中逐渐替代了木材。此外，船上配备了以蒸汽机为首的动力发动机后，决定船舶能力的笔直、巨大的桅杆也变得不再重要。

经历了工业革命，手工业逐渐转型为机械工业，提供热能的燃料由柴火和木炭变成了煤炭，建材也由木材变成了铁材。就这样，自文明发祥以来一直困扰着人类的森林资源枯竭所导致的增长极限问题终于得以解决。但是，这也播下了新的问题种子——二氧化碳排放导致全球气候变化。

内燃机的出现

进入19世纪，为了使蒸汽机变得小型化，内燃机的研究取得了飞跃性的进展，内燃机通过在活塞运动的发动机中直接燃烧燃料来获得动力。

"内燃机"是一个与蒸汽机相对应的词。蒸汽机是一种"外燃"发动机，通过从安装在机械外部的锅炉中获得的蒸汽来驱动活塞运动。

在内燃机中，由于是在配有活塞的机械内部直接燃烧燃料，难以使用固体煤炭，因此液体石油燃料逐渐受到人们的关注。在德国工程师卡尔·本茨和戈特利布·戴姆勒等人的努力下，1886年出现了以汽油为燃料的内燃机汽车。1908年，福特T型车在美国上市，带动了汽车的普及，内燃机也一举进入普及期。

此后，内燃机的改进仍在继续，到了20世纪后半期，内燃机开始普遍成为交通工具的动力源，就连当初搭载蒸汽机的船舶和铁路运输也都纷纷改用内燃机。汽车、船舶和铁路运输的汽油发动机和柴油发动机，飞机的喷气发动机和火箭的火箭发动机都属于内燃机。

煤改油的误解

20世纪被称为"石油的世纪"。这是由于以石油为燃料的内燃机和以石油为原料制造合成纤维和合成树脂等的石油化学的发展，在进入20世纪后取得了巨大成效。同时，人们仍在使用煤炭，特别是发电厂等大型设施的煤炭消耗量持续增长。

从煤炭到石油的过渡，有时会被视为一种能源革命，但实际上这并不是一场可以称为革命的变革。因为真正用石油替代煤炭的，只有配备了柴油机的蒸汽船和蒸汽机车。煤炭并没有被淘汰，人类社会也没有进入石油时代，只不过是根据用途分别使用煤炭和石油而已。

对于实现了小型化的交通工具,由于燃料的限制,即使价格稍高,也必须选择内燃机。此外,从电力供给的角度来看,不需要依靠热源的蒸汽机更具优势,因为我们可以对各种热源一视同仁,如低价的煤,和能够获得巨大热能,但需要建造坚固设施的核能。

回顾能源的历史就能发现,并不存在特定能源压倒其他能源,占据绝对优势的案例。在思考现代能源问题时,这一点可以说是确凿的事实。

曼彻斯特派对西印度群岛派

工业革命不仅使工业生产实现了从手工业到机械工业的飞跃,也成了半永久地改变人类社会状态的原动力。

工业革命引起的社会方面的最大变化是工厂经理这一新富裕阶层的出现和工厂工人的增加。在过去的人类历史上,主要的劳动是农活儿,手工业只不过是农耕带来的剩余食物所允许的附加价值部分而已。然而,经过工业革命,以达比家族和约翰·威尔金森为代表的工厂老板积累了巨额的财富,他们有足够的力量对抗传统的富裕阶层——贵族等地主阶级。

在工业革命以前的英国,贵族地主阶层掌握着政治权力。为了保护自己的利益,他们采取了限制谷物进口,维持国内高额流

-73-

通价格的政策。对于新的富裕阶层——工厂经营者——来说，由于压低工厂工人的工资直接关系到自身的业务利润，他们开始关注降低食品等产品的物价的策略。双方形成了对立的局势，但最终工业经营者更胜一筹。1846年，将谷物价格维持在较高水准的谷物法被废止，低价的进口商品开始流入英国，这是西方历史上首次出现工业活动优先于农业活动的政治决策[42]。

就这样，英国在出口先进的工业产品的同时开始依赖俄罗斯和东欧其他地区的低价进口谷物，而这一举措使得工业人口增加，农业人口减少，国内的政治进一步向工业倾斜。

人类进入工业社会，奴隶制度开始动摇，而真正的变革开始于围绕白糖展开的攻防战。当时，英国本土的白糖主要来自加勒比海英国殖民地的种植园，而加勒比海的白糖种植园的经营者们曾经成立了一个名为"西印度群岛派"的利益团体来游说英国议会，并成功地说服议会对外国进口的白糖征收高额关税。就这样，英国国内的糖价维持在较高水准，经营者们享受着巨大的利润。

在经历了工业革命后，白糖已经成为一种生活物资，红茶配白糖这一原本属于贵族的习惯开始在新出现的工厂工人之间普及。因此，糖价的下调与谷物一样，成了旨在降低物价的工厂经营者们的目标。作为对抗"西印度群岛派"的势力，他们被称为"曼彻斯特派"，这一名称来自工业革命的发源地。

"曼彻斯特派"攻击的目标是当时的种植园经营中不可或缺的奴隶制。"曼彻斯特派"通过攻击奴隶制，试图打破种植园经营的基础，他们与反对奴隶制的宗教界合作，展开了彻底的反对奴隶制运动。

两派的抗争最终以"曼彻斯特派"的胜利而告终。1833年，英国殖民地的奴隶制被彻底废除。在废除奴隶制后，正如"曼彻斯特派"所预期的那样，"西印度群岛派"迅速失去力量。1840年后，对国外进口的白糖征收的关税不断降低，到了1852年，对英国殖民地产的白糖和外国产的白糖征收的关税趋于一致。

与谷物之争一样，白糖之争的胜出者也是工厂经营者们，世界已经进入了工业利益优先于农业利益的时代。新兴的工业化社会由于财富的急速积累和工业人口的增加，导致政治影响力不断扩大，甚至粉碎了西方农耕文化的黑暗面——自文明发祥以来将不少人束缚在土地上的奴隶制。

摆脱上帝的惩罚

但是，在英国的工业化进程中粉碎的奴隶制，归根结底只是英国殖民地的奴隶制。"曼彻斯特派"和"西印度群岛派"的争斗也只是英国国内的政治权力斗争，在不能行使国家主权的外国，奴隶制仍在继续。

对"曼彻斯特派"来说，只要能够扩大进口，购买更便宜的食品即可，其他国家的奴隶制可以继续保留。结果就是，作为主要谷物的小麦从保留了农奴制的俄罗斯和东欧地区进口，白糖从保留了奴隶制种植园经营的巴西、古巴等国进口。

英国的工业人口超过了农业人口，一个依靠工业逻辑运作的国家诞生，并且带来了巨大的反作用力。因为那些技术和资本都无法与英国这样的工业大国抗衡的国家，会更加依赖于第一产业——农业。沙皇俄国的奴隶制之所以会被长期保留下来，可以说是在工业革命后爆发式发展的资本主义世界经济框架中的农业国家的悲剧。沙皇俄国于1861年颁布了农奴解放令，但贵族阶级的改革最终半途而废。解放令颁布后，农民的生活并没有得到较大的改善，而这为1917年俄国革命埋下了伏笔。

生活在21世纪的我们身处在一个禁止奴隶制的现代社会，农奴的身份也不再存在。从尊重基本人权的观点出发，奴隶制不该存在，这一点不仅在世界上得到广泛的共识，而且即使不依赖奴役性的劳动力，我们也能够实现充分的粮食生产。人类正在从劳苦的农活儿这一神对亚当的惩罚中解脱出来。

另外，还有一个与能量关系密切的故事，笔者认为这是迄今为止人类历史上与能源革命有关的最新的故事。

在讲述最后一个故事之前，我们先来看看几乎发生在同一时期的另一个故事，也是必须提及的另一项重大变革。这就是下一章之旅的主题，也是笔者认为的第四次能源革命。

能源朝圣之旅之五——
通往秘境之路

7月初正值梅雨季节，透过低垂的雨云缝隙，能看到些许阳光，笔者在北阿尔卑斯山的山麓长野县的扇泽车站等待电动巴士。笔者来到这里是为了穿越全长5400米、以80米破碎带的艰难工程而闻名的关电隧道，去看黑部水坝。

黑部水坝附近一带都位于中部山岳国立公园内，因此自开业以来，就使用了环保的电动巴士作为往返水坝的交通工具。从

黑部水坝

2019年开始,新开通的电动巴士取代了从架空线上获取电力的传统无轨电车。电动巴士十分舒适,16分钟的乘车时间转眼就会过去。隧道中最值得一看的破碎带区域,被简单明了的蓝色灯光点亮,巴士没有减速,只用了几秒钟就通过了这片区域。当时贯通破碎带花费了7个月的时间,仔细想来,这真不是一件容易的事。下了电车还要挑战220级台阶,也许是因为这段阶梯单调且枯燥,比想象中要难登得多,笔者还没走到一半就开始气喘吁吁。不少人都坐在沿途的长椅上休息。笔者像爬山一样一步一步慢慢地走上阶梯,好不容易才来到了瞭望台。

站在瞭望台上,巨大的弧形混凝土建筑映入眼帘,散发出压倒性的气势,这就是黑部水坝。仰望四周,陡峭的山峰上还有残雪,将目光移至脚下,山谷处处深邃险峻。黑部峡谷和传说中的一样,是一个称得上是秘境的地方。

黑部的太阳

北阿尔卑斯山的立山群峰和后山立山群峰的部分山峰上还残留着冰川,在这个日本屈指可数的暴雪地带,1956年开始了世界上史无前例的伟大工程——在立山连峰和后山立山连峰之间的黑部峡谷最深处(被称为秘境中的秘境),至今为止无人涉足的地方建设水力发电站。

这一项目是由负责向包括大阪在内的关西地区供电的关西电

力公司确定的。当时，关西地区严重缺电，并计划长期停电，已经成为社会问题。为了解决电力短缺的问题，关西电力投入了相当于当时资本金3倍的预算，决定在远离关西的富山县秘境开启一项关乎公司命运的伟大事业。

黑部川水量丰富，附近地形陡峭，非常适合水力发电，在大正时代就已经开始实施电力开发。黑部川水系的电力开发在1940年到达了海拔851米的地方，仙人谷水坝和位于其下方278米处输出功率为81 000千瓦的黑部川第三发电站的开发就是其中的两项工程。黑部川第三发电站的建设是一项艰难的工程，因在最高可达166℃的高热岩盘上挖掘隧道而被称为"高热隧道"，因在其冬季工程中遭受雪崩而牺牲300余人[43]。

"二战"后，新规划的黑部川第四发电站计划在海拔1448米处修建水坝，预计工程难度将超过黑部川第三发电站。即便如此，当时的关西电力社长太田垣士郎仍以"只有黑部"为由决定施工。

围绕黑部川第四发电站（俗称"黑四"）展开了建设，为了将材料运送到工地，新开挖了贯通后山立山连峰鸣泽岳的大町隧道（现在的关电隧道）。在挖掘隧道的过程中，工人们遇到了大量出水的破碎带，工程难以继续。相对于"黑三"的灼热地狱，黑四则是水地狱。结果，工程费用不断增加，最终花费了513亿日元，是当时关西电力资本的5倍，而殉职者也达到了171人[44]。在这些巨大的努力和牺牲下建成的黑部川第四发电站，有效落差为546米，输出功率为33.5万千瓦，关西地区的电力短缺问题一举得到解决。人们称它为"黑部太阳"。

那么,为什么关西电力的太田垣社长,会得出"关西地区的能源供给源只有靠距关西遥远的'黑部'秘境"这一结论呢?如果我们重新思考这一问题,就能明白电这种新型能源的奇妙之处。

没错,电力可以跨越空间。在掌握了如何处理电力后,人类就可以将汲取的能量转化为电力并进行传输,然后在其他地方重新将电力转化为所需的能量形态进行使用,而这将进一步扩大能源的利用范围。

电力的利用正是第四次能源革命。

第五章
电的利用

静电、莱顿瓶、伏特电池

人类对电的认识最早是从静电开始的。公元前6世纪，古希腊哲学家泰勒斯发现用布摩擦琥珀时，线头等会粘在布上。

琥珀因其色调，在古希腊语中被称作"太阳的光辉"（Elektron），而这也是后来英语中电气（Electricity）的语源。

考虑到电是能量的一种形式，从这层意义上来讲，电与太阳有着很深的关系，人类从具有太阳光辉的琥珀中发现静电，也是一种不可思议的缘分。

大约经过了2300年，在之前一直没有显著进步的电气研究终于开始有了很大的进展。1745年到1746年，人类发明了储存静电的瓶子，这也是世界上第一个蓄电器。德国的埃瓦尔德·格奥尔格·冯·克莱斯特和荷兰的彼得·范·穆森布罗克几乎在同一时期完成了这项发明。实际上，尽管克莱斯特比穆森布罗克提前几个月完成发明，但荣誉属于在世界上率先发表成果的穆森布罗克。穆森布罗克是荷兰莱顿大学的教授，所以这种电容器被称为"莱顿瓶"。

当人类能够储存电力后，有关电力的研究开始有了转机。例如，美国的本杰明·富兰克林在雷雨天放风筝引雷，证明了雷也是一种电。在这场著名的实验中，风筝上就安装了莱顿瓶；而平贺源内复原"电气"也使用了莱顿瓶。

人类的下一次飞跃来自意大利，那就是电池的发明。

1780 年，意大利解剖学家路易吉·伽伐尼发现，让两种不同的金属接触青蛙的腿，会让青蛙腿抽筋。意大利物理学家亚历山德罗·伏特从伽伐尼的这项实验中获得了灵感，他把在盐水中浸湿的纸当作脚，通过用两种不同的金属接触成功地引出了电流。之后，伏特继续使用各种金属进行实验，结果发现铜和锌的组合产生的电流最大。基于这项研究结果，伏特在铜板和锌板之间铺上浸有盐水的布，并将这些布堆叠起来，以增加输出功率（这相当于将多个电池串联在一起），最终于 1800 年完成了世界上第一个"伏特电池"。

电池是一项真正的伟大发明。在莱顿瓶中释放蓄好的电，就会火花四溅，并且一切会在瞬间结束。然而，伏特电池能够缓慢持续地放电，这使人们对于电气现象的观察和实验变得更加容易，研究速度也随之提升。这样一来，人类就具备了开创电力时代的条件。后来，人们大肆赞扬伏特的功绩，并用他的名字来命名电压单位"Volt"[45]。

发电机是如何发明的？

发电机的发明决定了电力时代的到来，而发明发电机的突破口是人类意识到电和磁的关系。

1820年，丹麦的汉斯·克里斯蒂安·奥斯特发现，当电流通过导线时，放在旁边的指北针就会转动。经过进一步的实验，他发现电流通过导线会在周围产生磁场，磁场的大小与电流的大小成正比。

同年，法国的安德烈·玛丽·安培受到奥斯特发现的启发，发现电流产生的磁力线的方向总是朝着电流的方向向右旋转，这在现在被称为"右手螺旋定则"（安培定则）。

奥斯特和安培的研究有了新的进展，给导线通电就一定会按照既定方向产生磁力，反之亦然。这是个很棒的构思，许多人都在这一基础上反复进行实验，其中有一个名为迈克尔·法拉第的英国人。

法拉第为了证明自己的想法潜心研究，他在反复试验的过程中制造出了实验装置，通过这个装置，终于迎来了突破。法拉第将两个绝缘线圈缠绕在铁环上，再将其中一个线圈连接到磁针上，然后把另一个接在电池上，当电流通过时，磁针就会微微颤动。法拉第在42年的时间里几乎每天都写实验日志，所以我们才能知道确切的日期——1831年8月29日。通过这项实验，法拉第确认了一个线圈产生的磁场会使电流在另一个线圈上运行，但随之又产生了新的问题。磁针只在连接或断开电池的瞬间颤动,而在电流流动的过程中,磁针不会持续颤动。

法拉第的研究还在继续。1831年10月17日,法拉第试着向缠着导线的大线圈中间插入和取出磁铁,并确认了在插入和取出的瞬间,线圈中有微弱的电流流过。法拉第从这些实验结果中发现,电流是在磁场变化时产生的,这种电与磁的关系被称为"电磁感应"。电磁感应的发现有很大的潜力,因为这是继蒸汽机之后,又一项与发明能量转换器息息相关的重大发现。这一点,终于在大约10天内得到了证明。

法拉第圆盘(复制品,国家科学博物馆藏)

10月28日,法拉第设计了一个名为"法拉第圆盘"的机器,作为新的实验设备。在这个装置中,磁铁的两极之间夹着一个铜

第五章　电的利用

圆盘，当圆盘旋转时，铜圆盘边缘部分的磁场总是会发生变化，即持续产生电流。在磁场变化的情况下，铜盘边缘与导线接触，形成了一个与铜盘中心相连接的电路。法拉第转动手柄，铜盘随之转动，结果正如他预期的那样，电磁感应产生的电流会不间断地通过导线。这是世界上第一台发电机建成的历史性时刻，而这台发电机也是一种将动能转换为电能的新型能源转换装置。

法拉第在理解了电磁感应的原理之后，只用了大约 10 天就做出了这种装置。法拉第拥有一般人无可比拟的才能，有人将他称作史上最好的实验科学家，这一点毋庸置疑。

通过这些关于电能的基础研究，电力终于能够登上人类利用能源的舞台，电力革命即将拉开序幕。

自由转移、转换能量

一个偶然的事件拉开了第四次能源革命的大幕。1873 年，在哈布斯堡家族统治时代的奥地利（即奥匈帝国的首都维也纳）举行的世界博览会上发生了一件事。这件事发生在与日本颇有渊源的世博会上，当时的明治新政府展示日本馆，造访欧洲的岩仓使节团也前来考察。在富丽堂皇的世博园区一角，有一个人正在准备展示自己研发的发电机，这个人就是比利时的泽诺布·格拉姆。格拉姆研发的发电机拥有前所未有的强大且稳定的输出，可以说是他的自信之作。该设计以蒸汽机为动力源来转动发电机的旋转

- 85 -

轴（电枢），从而稳定地输出直流电流。

当格拉姆将发电机放在蒸汽机旁边，并将铜线布线到500米外的地方后，他手下的工程师不小心将铜线连接到了另一台发电机上。

格拉姆在没有意识到这一点的情况下启动了蒸汽机，然后就发生了意想不到的事情，铜线连接的发电机的电枢不停地转动起来[46]。天才工程师格拉姆一看就明白了一切，他立刻用电枢的旋转代替马达，接上水泵，在世博园区建造了一个小型瀑布。

与此同时，格拉姆意识到电力可以轻松地转移能量。蒸汽机虽然是带来第三次能源革命的重大发明，但必须在同一场所提取、消耗热能，以及将热能转化为动能。而对电的利用使能量转换更加自由，其中蕴含着摆脱场地束缚的力量。格拉姆的这一发现是开启电气时代的决定性因素，也是第四次能源革命拉开帷幕的时刻。

善于经商的大发明家爱迪生登场

1870年前后，电力的应用进入了发展期，格拉姆研制出了自己的发电机，以摩尔斯电码闻名的电报机进入普及期，直到横贯大西洋的电缆接通。另外，在公园和广场等宽敞的地方，更加明亮的弧光灯取代了煤气灯。

在这样的时代背景下，象征电气时代的到来的"明星"，家喻户晓的发明大王托马斯·爱迪生闪亮登场。

1869年,年轻的爱迪生使用了电报技术的股票行情显示装置获得专利。爱迪生将这一专利以4万美元的高价卖出,正式开启了发明家的职业生涯。经过电话、留声机等产品的商品化,1879年,爱迪生还成功地大幅延长了白炽灯的使用寿命。

关于白炽灯以及灯泡带来的明亮世界,经常被说成是发明大王爱迪生光辉职业生涯的登峰造极之作,但实际上白炽灯的发明者并不是爱迪生,而是英国的约瑟夫·斯旺。在围绕研发白炽灯的竞争中,爱迪生之所以能够名垂青史,是因为他并没有将白炽灯仅仅作为单纯的室内光源来代替煤油灯和煤气灯,而是将白炽灯定位为从发电厂开始的电力业务价值链的末端商品,并构思了从发电厂的建设到给客户输配电,再到白炽灯销售的一系列业务。

爱迪生的这些构想早在1882年就已实现。爱迪生在距离纽约曼哈顿的华尔街不远的珍珠街买了两座大楼,建了一座发电厂,他的客户是华尔街和其他办公区的楼群,这一计划非常成功。

在开始营业的几个月内,爱迪生就有了203个客户,总共使用了3477个白炽灯泡。一年后,这个数字增加了一倍以上。就这样,延续到现代的电力业务开始蓬勃发展。此后仅用了8年时间,美国就有1000所发电站投入运行[47]。

爱迪生既有远见又善于经商,1889年,他将当时开展的电力业务合并,创立了爱迪生通用电气公司,开始执掌有关电力的全部业务。爱迪生位于新泽西州门洛帕克的实验室聚集了来自世界

- 87 -

各地的优秀技术人才,由此可见,爱迪生"电力大王"的称呼实至名归。

爱迪生在这座实验室里遇见了最强的对手——克罗地亚天才工程师尼古拉·特斯拉。

特斯拉与爱迪生

尼古拉·特斯拉于1856年出生于现在的克罗地亚,他从年轻时开始就展现出了非凡的电气工程师天赋。特斯拉在格拉茨理工大学读书时获得了在课堂上观察格拉姆发电机的机会。发电机冒着火花旋转。为了获得恒定方向上的直流电流,格拉姆发电机中配备了换向器和弹簧,用于配合缠绕着线圈的电枢的旋转来切换开关。特斯拉一眼就看出这是产生火花,导致能量损失巨大的原因。

因此,特斯拉开始研发不使用换向器的发电机和电动机,而这件事也决定了他一生的发展方向。因为不使用换向器就意味着不调整由磁场变化引起的电流方向,也就是所谓的交流电的研究。

早在1882年,特斯拉就成功研发出了使用交流电的感应电机。就这样,特斯拉在充分展示了电气工程师的实力后,于1884年赴美,进入爱迪生创办的爱迪生机械公司担任电气工程师。

爱迪生机械公司负责生产珍珠街发电厂实际所需的电力系统

相关的全部产品，从发电机、电动机到用于点亮白炽灯的电网，数百名工人和技术人员在电力热潮中满负荷工作。

特斯拉在爱迪生机械公司负责电力系统的铺设和发电机的改进，但仅仅工作了半年，他就突然辞职了。据说是因为爱迪生推崇直流电力系统。虽然特斯拉主张的交流电力系统更具优越性，但并没有被爱迪生接受。

此后，特斯拉自己创办公司，努力推广交流电力系统。特斯拉以一名孤傲的天才电气工程师的姿态，独自挑战已经成为巨人的爱迪生领导的集团。顺便提一下，如今已经成为全球电动汽车制造商的特斯拉公司，其公司名称就是为了向特斯拉致敬。特斯拉的这种姿态也算是一种企业家精神吧。不久后，一个名叫乔治·威斯汀豪斯的美国工程师、实业家出现在孤军奋战的特斯拉面前。

电流战争的结局

威斯汀豪斯不仅是一位杰出的工程师，也是一位将发明与商业联系在一起的有才能的企业家。包括铁路制动系统在内，他有许多关于铁路方面的发明。总而言之，威斯汀豪斯和商业嗅觉敏锐的爱迪生是同一类人。因此，威斯汀豪斯不可能没有注意到爱迪生发明的电力系统在商业方面的魅力。但他在研究爱迪生的电力系统时注意到了它的弱点。

一方面，爱迪生的电力系统使用低电压、高电流的直流电，输电损耗很大，只能向发电站附近供电。这样一来，就无法建立大型的电力系统。

另一方面，交流电力系统的优点是容易变压，远距离输电损耗小。先使用高电压、低电流的高压线来进行远距离输电以减少输电损耗，然后在用户终端附近使用变压器逐步降低电压。

在这一点上，威斯汀豪斯发现了战胜爱迪生电力系统的机会，并对交流电进行了大量研究。由于特斯拉也在研究交流电，因此威斯汀豪斯便聘请特斯拉作为顾问，并支付专利费，帮助特斯拉完成了交流电力系统。1888年，交流电力系统开始正式运作，从那时起，威斯汀豪斯和爱迪生之间关于电力霸权的争夺战便开始升温，这在历史上被称为"电流战争"[48]。

爱迪生指责称高压输电十分危险，而威斯汀豪斯反驳说交流电是可控的，两个人的争论不断升温。由于爱迪生不断宣传交流电的危险性，在他的推动下，甚至发展到了使用交流电椅执行死刑。但是，最终胜出的是威斯汀豪斯推出的交流电力系统。

在1893年的芝加哥世博会上，威斯汀豪斯的交流电力系统负责会场的电力供应，并成功地充分展示了其技术实力。此外，1896年，尼亚加拉瀑布的交流水力发电站和32千米外的水牛城之间架起了输电线，长距离输电的能力也得到了证明。尼亚加拉交流发电站的成功，让电力生意实现了发电站和用户终端之间的远距离配送，而这套电力系统至今仍在使用。

第五章　电的利用

距离格拉姆在维也纳世博会上的偶然发现仅仅20多年，作为易于转移和转换的易用能源，电力的地位已经不可动摇。

如今，电已经渗透到我们生活的每一个角落，发电厂的输配电网每天都将电能送到我们身边。发电厂送来的电能或被电动机转化为动能，或被电视机转化为光能，或被电水壶转化为烧水的热能。电器产品在生活中无处不在，如果现在没有了电，那我们的生活将会变得一团糟。

确保电力供应已经成为人类最重要的课题，人类寻求电源，燃烧化石燃料，进入黑部峡谷，不久后又开始涉足核能。从格拉姆的偶然发现，到爱迪生将其发展为商业，再到特斯拉和威斯汀豪斯开发交流电力系统，所有这些都是第四次能源革命的产物。

第一部分　追求数量的旅行

能源朝圣之旅之六——
川中岛之战为何会重演五次？

参观完黑部水库的第二天，笔者回到长野市，来到了长野县长野市南部的千曲川和犀川之间的地区。这里现在是著名的白桃产地，曾经是川中岛合战，即日本战国名将武田信玄和上杉谦信之间发生五次战斗的地方。

其中，第四次交战最为激烈，两军在长野冬奥会开幕式和闭幕式会场所在的南长野运动公园附近展开了激烈的交锋，那里至今还留有"合战场"这一地名。据说战斗结束后，武田军清点首级的地方立有一座八幡神社，而那周围现在被修建成了川中岛古战场史迹公园。公园内矗立着武田信玄和上杉谦信对峙的铜像，铜像身旁飘扬着风林火山和毗沙门天的旗帜，现场十分震撼。从史迹公园渡过千曲川，对岸就是武田势力建立的前线基地——海津城（松代城遗址），右后方是上杉势力所在的妻女山。一边想象着过去交战的情景一边散步，可以说是游览古战场的一大乐趣。

能源朝圣之旅之六——川中岛之战为何会重演五次？

川中岛古战场史迹公园内武田信玄和上杉谦信对峙的铜像

仅从战役的内容来看，古战场遗址似乎与能量没有任何关系，但如果站在能量的角度重新审视，就会发现这片土地能够给我们带来关于人类与能量关系的重要启示，是"有关能量的历史遗址"。为什么信玄和谦信执着于争夺这片土地的统治权呢？这片土地北接越后，南临信州各地，还是通往甲斐的交通要冲，所以双方都想将其收入囊中。此外，这片土地还能带来丰收的果实。

川中岛一带是千曲川和犀川两大河流汇合的地方，再加上源自松代地区背后耸立的陡峭群山的河流汇入千曲川，川中岛一带自古以来就经常发生洪水。

近代以后，在1742年的江户时代，川中岛一带发生了名为"戌之满水"的特大洪水，而在明治时期以后川中岛也屡次发生洪涝灾害。2019年10月登陆的台风"十九号"带来的暴雨不仅淹没了长野市北部的长野新干线车辆基地，雨水还流入了南部古战场附近的上信越高速公路的长野出入口，以及武田信玄的海津城一带。即使在治水有方的今天，洪水也造成了严重的破坏。

在现代，洪水这类自然灾害令人忌讳，但回顾历史，洪水并不完全是坏事，因为被洪水冲走的上游肥沃土壤会流入周边的农田。由于经常发生洪水，川中岛一带的土地一直都很肥沃。实际上，根据庆长五年（1600年）的土地收成来看，川中岛四郡的稻米收成为19.152 2万石，文禄五年（1596年）太阁检地的结果为22.761 6万石，不亚于甲斐国。与太阁检地中收成达到39.077万石的越后国[①]相比，其产量之多可见一斑[49]。也就是说，控制川中岛不仅能够控制当地交通，还能掌握高产粮仓。特别是对盘踞在甲斐国[②]（以排水性良好的冲积扇地形为主，不适合种植水稻）的武田来说，这是一片无论如何都想要收入囊中的极具魅力的土地。

这正是两位战争天才执着于争夺此地的原因。

---

① 译者注：越后国，日本古代的令制国之一，属北陆道，亦称越州，越后国的领地相当于如今的新潟县（除佐渡岛外）。

② 译者注：7世纪前后成立，属东海道，俗称甲州。石高约23万石（庆长时期）。

肥沃的土地上有贫瘠的土地所没有的东西

在农耕社会，肥沃的土地是引发战争的原因。随着农耕的推广，人们发现即使在同一地区，产量也有很大差异。落在地面的太阳能是平等的，但承载太阳能的大地却不一样。如果农耕需要付出相同的劳力，那么收成更好的土地便更有价值，我们的大脑就是这么判断的，动用武力能得到对应的回报，于是爆发了战争。

《圣经·旧约》中"流淌着奶和蜜"的迦南地拥有肥沃的土地，所以自古以来就争斗不断，来自欧洲的新殖民者夺走了美洲原住民的肥沃土地，将他们撵到了贫瘠之地。然而，武力夺取也有失利的时候，尤其是那些处于同一文明水平的群体之间的战斗。川中岛合战就是典型的例子，五次交战都未能分出胜负。双方在发起进攻时都认为自己能够取胜，但因遭遇了出乎意料的顽强抵抗，或出其不意的反攻而被迫撤退。即使取得了阶段性胜利，也有可能继续遭受游击式反抗。

难道就没有其他能够替代战争的确定性更高的选择吗？我们的大脑具备足够高的智能，足以思考这一问题，而且从肥沃的土地和贫瘠的土地的区别来看，肥沃的土地应该包含着贫瘠的土地所不具备的东西。

拥有聪慧头脑的人类最终得到了答案，并将人类和食物的关系引向了一个与以往完全不同的新世界。最终，在西方世界，人类从亚当所受的痛苦折磨中解脱出来，而这是依靠大量的能量投入换来的。

那么，让我们继续踏上旅程，来看看人类历史上最新的能源革命吧。

第六章
肥料与能量

人类的发展为何不会陷入零和博弈？

如果你生活在一片贫瘠之地，正苦于确保足够的食物来养活不断增加的家人和亲属，你会想到什么办法呢？有三种可行的办法：第一，开垦新的土地，扩大耕种面积。如果周围还有可开垦的土地，那么这就是一种有效的手段。第二，可以从外部采购肥料等营养物质，播撒在自己的土地上，以改良土地。如果不能扩大耕种面积，就需要提高单位面积的产量，学会使用肥料。第三，侵占他人的领地，夺取肥沃的土地。虽然这是一种极其快捷的手段，但你想要抢夺的土地在他人看来也是一片极具魅力的土地，结果就会变成多方势力互相争夺，从你占领土地的那一天开始就必须提防土地被别人夺走。

俯瞰农耕社会以来的人类史，就会发现人类的行为不外乎这三个选项。人类一边扩大土地的开垦面积，一边改良土地，人口也随之增加。在这一过程中，人类不断地相互争夺肥沃的土地。

但作为避免争斗的手段，开垦和施肥技术的进步避免了人类陷入零和博弈，即对肥沃土地的重复争斗，这使得人类社会能够缓慢地发展。

江户时代的太平是有机肥料带来的？

尽管江户时代的日本人口成倍增长，却能拥有长达265年的太平，堪称世界上难得的治理优秀的稳定社会。除了大规模地开发新田，坚如磐石的肥料供应体系和农作物产量的稳步增长也为社会的稳定做出了巨大贡献。

人们定期在村落附近的后山收集落叶和树下生长的杂草来制作堆肥。另外，在江户和大阪等城市，会有近郊的农家在街上卖菜，他们在回去时会带走人类粪便并制成肥料。回收人类粪便并非无偿的，而是要用有价值的物品交换。关于交换情况，《南总里见八犬传》的作者曲亭（泷泽）马琴在日记中写道："每个成年人夏天收取50个茄子，冬天收取50个萝卜干。"[50]

由于附近的农家争抢掉落在街道上的马粪，所以道路能够一直保持干净。根据五代将军德川纲吉的时代，曾住在长崎的荷兰商馆，两次陪同商馆长官前往江户晋见将军的德国医生肯普弗的记载，不仅是马粪，就连旅人丢弃的旧草鞋也被收集起来制成堆肥[51]。江户时代是终极的循环利用型社会。

江户中期以后，比人粪轻、比人粪营养价值高的鱼肥广泛普及,经营鱼肥的专业批发商生意兴隆。千叶的房总半岛是鱼肥的一大产地,那里的人们将沙丁鱼晾干后制成粉末。在与因高田屋嘉兵卫而闻名的虾夷地的贸易中,船运商的经商原动力就是利用在北方大地上大量捕捞的鲱鱼制作的鱼肥进行贸易。这样一来,随着肥料在全国物流网络中的普及,即使在人口密度低、人粪和马粪供应量少的地区,土地的生产率也能得到提高,人口也随之不断增长。

构建终极再循环型社会

日本江户时代的肥料以粪尿和鱼肥为主,这些都是来自同时代生物的有机化合物,没有使用化石化肥料。此外,江户时代的日本实行闭关锁国政策,国际贸易受到限制,基本不从国外采购食物。

这些事实表明,江户时代的日本是一个较完美的循环型社会,只依靠每天落在人类脚下的太阳能。当时的日本人通过彻底的循环再利用,构建了现在社会的目标——可持续的循环型社会。

江户时代的循环型社会培养了日本人的勤奋精神。在江户时代,能够开垦的土地基本上都被开垦了,随着粪尿和鱼肥的普及,土地的肥料供给得到了充分保证。在这种情况下,为了进一步提高生产率,应该做些什么呢?答案显然是勤勤恳恳,兢兢业业。江户时代出版了很多农业图书,这些农业图书中一定会有鼓励人勤奋的词句[52]。江户时代后期活跃于相模国，即现在神奈川县的二宫尊德的教义可以说是最具代表性的例子了。

认真对待自己的土地，尽可能地开垦农田，仔细收集肥料并精心播撒，努力工作，通过这些踏实的活动，构建一个共存共荣的终极社会，而不是陷入互相争夺肥沃土地的零和博弈。这是以战国时代的五次川中岛合战为代表，互相争夺肥沃土地的同一民族在200年之后达到的境界。江户时代的和平与繁荣背后就是这些踏踏实实的活动。

为什么日本人口翻了两番？

据说江户时代后期的日本人口为3000多万[53]。这意味着在日本这片土地上，一个完善的循环型社会能够支撑的人口大约只有3000万人。在构建终极循环型社会的同时，江户时代的人口持续增长，到了江户后期，山林显著减少，人口的增长接近极限[54]，终极循环型社会也迎来了增长的极限。即使江户时代持续下去，人口也很难持续增长。

而现在日本人口是1.2亿，其规模是江户时期的4倍，那么日本是如何养活明治以后增加的9000多万人的呢？

首先想到的应该是海外贸易带来的粮食进口吧。的确，现代日本的食品大多依赖进口。特别是第二次世界大战后，由于饮食结构的多样化，大米逐渐减少，日本的食品自给率迅速下降。平

第六章　肥料与能量

成元年（1989年），以热量为基准的粮食自给率首次跌破50%，2018年下降到了37%[55]。也就是说，粗略计算，依靠海外进口来确保日常活动所需能量（食物）的日本人口已经达到一半以上。

　　这一事实也表明，剩余的6000多万人不依赖进口食物，他们依赖日本本土提供的食物。江户时期实现了极致的再循环社会，被开发到极致的日本大地可以供养的人口是3000万左右，而6000万人是当时的2倍。明治时期以后，日本新开垦了北海道等地方的土地，不过，仅凭这一点还无法说明人口为何增加了一倍。那么为什么明治时期以后，日本大地的生产率能够提高近一倍呢？

　　想要知道其中的原因，就需要知道大洋彼岸的其他社会发展的故事，而这正是人类通向第五次能源革命的道路[56]。

对鸟粪石的狂热

　　日本在德川幕府的统治下讴歌太平盛世的同时，大洋彼岸的美国正在开拓殖民地，因为古老定居点的土地正在变得贫瘠。为了支撑不断增长的人口，进一步开拓土地和改良土地必不可少，这一点在任何地方都一样。美洲出现了一种神奇的肥料——鸟粪石（Guano）。

　　这种肥料是在南美洲秘鲁海岸约20千米处的岩礁——钦查群岛——获得的鸟粪石，也就是鸟粪经过长年累月堆积形成的化石。

— 101 —

第一部分　追求数量的旅行

　　Guano 在克丘亚语中是粪便的意思。生活在这片土地上，后来因创立印加帝国而闻名的克丘亚族，自古以来就知道将鸟粪撒在田里可以增加玉米产量，他们将鸟粪与金子一起视为上帝赐予的最珍贵的礼物。对于在有限的土地上开垦梯田的克丘亚族来说，鸟粪已经成为他们生产食物的过程中必不可少的一部分。在印加帝国时期，能够获取鸟粪的岛上都设有国家检查员，严格禁止捕杀鸟类。

　　于16世纪消灭印加帝国的西班牙人一开始并没有注意到鸟粪的价值，他们只是一味地寻找金银财宝。但是到了19世纪，鸟粪的效果在欧美成为家喻户晓的事情，相继有报告称在田里播撒鸟粪的效果超过了一切肥料。美国的许多种植园培育棉花和烟草，土地日渐贫瘠，但鸟粪使这些土地恢复了活力。英国和法国也是如此。就这样，欧美各国之间展开了鸟粪争夺战。秘鲁政府从中获利，到了鼎盛时期，鸟粪的销售收入占到国家预算的四分之三。最后，围绕钦查群岛的领土主权，曾经的宗主国西班牙、秘鲁、智利之间发生了被称为鸟粪战争的小型冲突。这简直就是鸟粪狂想曲。

　　但是，这种狂热不会持续很久。鸟粪石是鸟粪经过长年累月的堆积形成的化石，过度采集会导致资源枯竭。随着西方国家真正开始疯狂抢购鸟粪，仅过去短短20年，钦查群岛的鸟粪石就所剩无几了。

　　下一步是重新寻找一个和钦查群岛一样的岛屿。其中，美国最依赖秘鲁产的鸟粪石，其举动最值得一提。出于走向世界寻找相似礁石的需求，美国国会于1856年通过了鸟粪岛法。根据该法案，任何一个美国公民只要找到一个不属于任何国家的岛屿，就可以主张它的所有权，并将它归入美国领土，且该岛将受到美国海军的庇护。美国根据这一法律，将100多座岛屿编入本国领土。顺带一提，因该法律而成为美国领土的岛屿包括后来被建设机场，在太平洋战争中发挥重要作用的中途岛。

尽管美国做出了这些努力，但最终还是没有找到可以与钦查群岛相提并论的岛屿。这就是依赖鸟粪石这种化石资源的社会所面临的危机。

贫瘠的荒野中出现主要的肥料

这种担忧看起来就像杞人忧天。虽然效果不如鸟粪，但南美洲还有很多可以被当作肥料利用的矿物资源。

在南美洲安第斯山脉与太平洋之间，东西长160千米，南北长1000千米的带状盆地中，有一片贫瘠的荒野，名为阿塔卡马沙漠。查尔斯·达尔文乘坐"小猎犬号"航海时曾在此地停留过，他在日记中写道："我看到了真正的沙漠。"这里几乎从不下雨，是世界上最干燥的沙漠之一。阿塔卡马沙漠的平均海拔高达2000米，干燥的空气不容易受到大气的影响，现在成了天体观测的中心地，聚集众多世界高性能天体望远镜，成为备受瞩目的天文台。

19世纪中叶,在玻利维亚未被困在内陆,还保持着通往太平洋的通道的时候,南北绵长的阿塔卡马沙漠跨越了秘鲁、玻利维亚和智利三国。长期以来,阿塔卡马沙漠作为一片贫瘠的荒野,从未被人们关注,但是这片土地上盛产的一种名为生硝的白色石头中含有大量可以作为肥料的硝酸盐,也就是人们常说的智利硝石。当这种硝石逐渐为人所知时,也就有越来越多采集和提炼生硝的人出现。尤其是在19世纪中叶以后,鸟粪资源日益短缺。由于人们认为生硝的储量无穷无尽,作为鸟粪的替代品,智利硝石开始受到关注。

就这样,在过去无人问津的荒野上,无数精炼厂拔地而起,产量直线上升。到了19世纪末的1900年,地球上三分之二的肥料产自智利,智利硝石一跃成为肥料的主角。

硝石战争

然而,智利硝石产量迅速扩大,不仅仅是因为它能够代替鸟粪,还因为随着同一时期发展起来的化学合成技术,硝石作为炸药的原料,需求量迅速扩大。从2020年8月贝鲁特港口仓库发生的大量肥料大爆炸事故中就可以明显看出,肥料和炸药就像兄弟。无论好坏,可以被应用于军事领域的技术是推动革新的重要原因,这是从人类开始制造金属武器的时代到现在,人类历史上的普遍事实之一。

第六章　肥料与能量

智利硝石虽然可以直接作为炸药的原料，但其质量并不高。然而，随着人类用钾（K）取代智利硝石（硝酸钠：$NaNO_3$）中的钠，通过化学合成研制出爆炸反应性更高的硝石（硝酸钾：KNO_3），硝石的炸药价值一跃而起，突然就引起了人们的注意。

为制造更强大的炸药，技术革新也在进一步强化。人们从硝石（硝酸钾：KNO_3）中去除钾，并将其添加到氢中制成硝酸（HNO_3），成为硝酸甘油这种优质炸药的原料。硝酸甘油虽然强大但难以控制，即使遇到很小的冲击也会爆炸，但不久后，阿尔弗雷德·诺贝尔便研发出了有效控制爆炸的技术，诺贝尔因这一技术获得了巨额财富。他在1876年获得专利的商品被命名为dynamite（炸药），源自希腊语dunamis，意思是"力量"。众所周知，诺贝尔因销售炸药而获得了巨额利润，后来才创立了诺贝尔奖。

如果人类发现了特定土地上蕴含的财富，就会发生围绕土地所有权的争斗，这可以说是历史反复揭示的"人类的悲哀"。围绕阿塔卡马沙漠的主权，秘鲁和玻利维亚联手对抗智利，并于1879年爆发了战争，这就是人们所说的硝石战争的开端。阿塔卡马沙漠在过去是无人问津的贫瘠之地，但随着时代的变化，竟会成为国家间爆发战争的原因，这一点是令人始料未及的。

最终，智利赢得了持续五年的硝石战争，成功夺取了整个阿塔卡马沙漠地区。秘鲁和玻利维亚割让了领土，玻利维亚战败导致通往太平洋的出口被堵住，被迫退入内陆。

克鲁克斯爵士的历史性演讲

智利硝石是提高粮食产量的肥料和发动战争所必需的炸药的原料，在帝国主义强盛的19世纪后半期至20世纪前半期，硝石是西方列强争夺霸权时必不可少的战略物资。那时，硝石的一大产地印度被殖民者统治，此前一直以坚如磐石的供应体系而感到骄傲的英国也开始严重依赖智利硝石。智利硝石的储量乍看之下无穷无尽，但既然是天然的矿物资源，只要不断开采，迟早会有枯竭的一天。将鸟粪资源开采至枯竭的人类社会会重蹈覆辙吗？

19世纪末，刚刚出任英国皇家学会会长的威廉·克鲁克斯爵士为这种情况敲响了警钟。克鲁克斯是当代一流的科学家，以发现铊元素和研究阴极射线而闻名。1898年，克鲁克斯爵士利用就任英国皇家学会会长的机会发表了就任演讲，这次演讲被后世称为"历史性演讲"。他在演讲中指出："地球上已经没有适合发展农业的未开垦的土地了，为了支撑不断增加的人口，必须提供大量的肥料。"此外，他还警告称："以智利硝石为代表的天然矿物资源的供应不足以满足20世纪的需求。"

根据克鲁克斯的估算，最早在20世纪20年代，最晚到20世纪40年代，智利硝石资源就会枯竭。那么我们该怎么做呢？克鲁克斯爵士给出了答案，而这也是未来科学所面临的最重要的课题之一。

克鲁克斯爵士的答案是:"我们需要开发出将空气中的氮气固化的技术。"

肥料的原形

19世纪初,欧洲创造了化学分析法,发现了各种各样的物质和元素。鸟粪这种著名的肥料也是分析的对象之一。据报道,鸟粪中含有尿酸、磷酸、硝酸和钾。

德国化学家尤斯图斯·冯·李比希阐明了植物的营养物质。当时的德国是化学界的领头羊,再加上德国的土地在欧洲中较为贫瘠,所以德国更加关心肥料,而这也使得德国在肥料分析领域处于世界领先地位。

李比希运用化学分析法阐明了氮、磷和钾是肥料的主要成分。终于,营养素的真实面目在元素层面上被揭开了。在此基础上,李比希主张不使用有机物堆肥,直接使用氮、磷、钾就能提升肥料的效果。

这种非生物起源的物质叫作无机物,这一点因无土水培的成功而得到了证明。

通过化学分析明确的营养素,包括微量使用的金属元素在内,一般共有十四种。其中,李比希通过分析肥料发现的氮、磷、钾这三种元素的需求量较大,作为对植物生长有很大影响的重要元素而广为人知,这三种元素如今也被称为肥料的三要素。所谓土壤贫瘠，是因为土壤中几乎不含这些必要的元素，无法充分补充植物生长所必需的营养。

另外，肥料三要素中的钾并不是植物的直接组成成分。钾是一种电解质，溶于水会电离成离子，以钾离子的形式存在于细胞液中，以促进植物体内的各种化学反应。钾在动物体内也能发挥相同的作用。

从能量的角度来看，氮、磷、碳、氧和氢对植物和动物都是极其重要的元素。生活在地球上的生物都通过一种叫作ATP（三磷酸腺苷）的物质获得能量，而ATP正是由这五种元素构成的物质。就像是装有内燃机的汽车需要依靠汽油驱动一样，生物通过水解ATP来获得日常活动所需的能量。

顺带一提，掌管生物遗传信息的DNA也是由这五种元素构成的。另外，构成内脏器官和肌肉的大部分蛋白质、氨基酸也是如此，由此可见地球上的生物多么依赖这五种元素。

如果能用空气制造肥料，结果会怎样？

在元素层面上确定了主要的营养物质之后，人类的大脑开始思考新的挑战，即通过化学合成技术制造人工肥料。

在肥料的三要素中，氮是研究化学合成的目标。虽然人类不得不继续依靠矿物资源来获取磷和钾，但不用依靠智利硝石这样的矿物资源来获取氮。氮对于每个人来说都是无穷无尽的，因为氮气约占空气体积的五分之四，这的确是取之不尽、用之不竭的。克鲁克斯爵士在1898年的演说中指出的正是这一点。

如果研发出从空气中固化氮气的技术并实现工业化，就可以用来制造肥料和炸药，从而积累巨额财富。就这样，激烈的技术研发竞争拉开了帷幕。

然而，氮气固化技术的研发并不轻松。氮原子N在大气中以两个原子结合的氮分子N_2的形式存在。氮原子最外层有三个电子，两个氮原子将各自的三个电子互相缠绕，形成了一种名为三键的紧密结构。这是自然界中最强大的连接之一，如果不将这种连接打破，生物就不能将氮摄入体内，也就无法获得肥料。

为什么二氧化碳减少了，氮气却还在？

我们先停下来想一想。正如前文所述，原始大气中的二氧化碳占据了大半。二氧化碳最初占大气的80%，但现在只占空气的0.04%左右。现在的大气中80%左右是氮气。为什么二氧化碳会从大气中减少这么多？为什么留下了这么多的氮气？这一事实直接体现出处理氮气的难度。

与二氧化碳相比，氮气具有难溶于水、反应性差的特征。因此，当40多亿年前原始地球上第一次出现海洋时，大气中的二氧化碳因融入海洋而大幅减少，氮气则继续留在大气中。二氧化碳随后在陆地和海底通过化学反应形成了以石灰岩为代表的碳酸盐岩，大量被固定在地壳中。

此外，随着能够进行光合作用的生物的出现，剩余的二氧化碳几乎从大气中消失。与此同时，尽管在大气中存在大量的氮，但没有生物将氮作为光合作用的对象，所以大部分氮继续留在大气中。

由于大部分植物都进化出了光合作用，地球上的生物也都成为以碳元素为有机物质基础的生物。在长达40亿年的地球历史中，氮气固化技术并没有广泛普及，只被根瘤菌等极少数细菌掌握，所以说这项技术的门槛非常高。正因为如此，大量的氮气才留在了大气中。

然而，自然界中有一种具有强大力量的自然现象，能够直接剥离大气中氮分子的三键，那就是雷。打雷时，强大的电流能量被释放到空气中，导致氮分子的三键解开，溶进雨水后落到地面。这样一来，植物就能吸收氮气了。这表明雷对植物的生长有促进作用。

雷和植物的生长有关，这对于已经远离自然生活的现代人来说很不可思议。但对于细心观察自然的古人来说，这是理所当然的事实。

雷在日语中写作"稻妻"或"稻光"。古代人通过经验得知，雷能够促进附近的稻谷生长。就像正确认识火的本质一样，古代人也很清楚雷电的肥料效果。古代人通过透彻的观察洞悉事物本质，其洞察力之深让人由衷敬佩。

用水、煤和空气制作面包的技术

为了解开氮分子（N_2）的三键，完成氮的固化，需要将氢原子（H）分别连接到氮原子（N）上，合成氨（NH_3）。

自克鲁克斯爵士发表演讲后，19世纪末到20世纪初人类的化学知识突飞猛进。当时的人已经知道在合成氨的过程中，最好的方法是向反应容器中加入氢和氮，在降低温度的同时增加压力。但是，如果温度过低，就无法发生反应；而如果压力过高，反应容器就会因承受不了压力而发生爆炸。因此，为了找到温度和压力之间的最佳平衡，人们不断地重复实验。此外，为了尽可能地让反应更加有效，人们开始研究有用的催化剂。

德国化学家弗里茨·哈伯最终赢得了这场技术竞争的胜利，他研发的实验设备使反应容器能够承受200个大气压的恶劣条件，而且他还费尽心思设计了一个能够将产生的氨快速分离的系统。哈伯利用这个经过深思熟虑的实验设备尝试了很多催化剂，最终以锇这种贵金属作为催化剂，成功地制造出了工业化所期待的尽可能多的氨。

随着哈伯实验的成功，德国巴斯夫公司的员工卡尔·博施领导的团队开始研究大规模工业生产所需的技术。博施是一位拥有冶金学和机械工程经验的化学家，在设计工厂方面表现突出。在设备大型化的研究过程中，博施经历了千辛万苦，虽然他在爆炸中失去了两台设备，但通过从失败中学习并汲取经验，苦思冥想设计方案，终于完成了设备的大型化研究。此外，博施不断寻找其他催化剂来替代产量较低的锇，并最终得出结论：瑞典磁铁矿中铁、铝和钾的混合物是效果最好的催化剂。

截至1911年，博施领导的巴斯夫团队每天可以在临时工厂中生产超过两吨的氨。两年后，博施在德国西南部城市奥堡（Oppau）正式建成一家工厂。距离克鲁克斯爵士的演说仅仅过了15年，人类获得了氮固化技术。

在哈伯和博施等人的努力下完成的氮固化技术也被称为哈伯—博施法，这一技术在当时大受赞扬，被人们称作"用水、煤和空气制作面包的技术"。这样一来，投入大量能源以增加食品产量的第五次能源革命拉开了序幕。

弗里茨·哈伯和博施分别于1918年和1931年获得诺贝尔化学奖，因为他们在各自的领域对氮固化技术的发明做出了贡献[57]。从那时起，直到一个世纪后的今天，哈伯—博施法仍然是氮固化的主要技术。

哈伯—博施法带来了什么？

乍看之下，研发人工肥料的故事与能量的历史毫无关系，但如果我们知道人类为了增加粮食产量投入了多少能量，就会彻底改变这一看法。

利用哈伯—博施法进行氮固化的过程需要巨大的能量。既然是强行扯开原本不活跃的氮分子的三键，那么需要大量能量就是理所当然的。这一过程通常在450℃~580℃、200~300个大气压的恶劣条件下进行。此外，用于使氮分子发生反应的氢现在通常是从天然气中分离产生的，但这种分离也需要在约800℃、215个大气压的条件下进行[58]。

这种人工肥料直接导致了人口暴增。在哈伯—博施法发明之前，利用动植物进行氮固化的方法仅有两种：一种是豆科植物根部共生的根瘤菌等极少数细菌的作用；一种是雷电能量将空气中的氮气分子分离，溶解在雨水中落到地面上。也就是说，自然界中能够固化的氮气总量是有限的，这使得包括人类在内的地球上的生物总量受到了限制。这就是自然界默认的秩序。

自然界的这种桎梏被哈伯—博施法打破了。投入大量能量，不断固化空气中的氮气，使地球上以人类为首的生物的总量急剧增加，其中受益最大的自然是人类，以及成为人类食物的玉米、小麦、大米等谷物。

到了20世纪中叶，以提供充足的肥料为前提开发的高产品种开始普及，农田的谷物产量突飞猛进，这就是导致人口暴增的"绿色革命"的成果。20世纪初，全世界只有16亿人，而到了1950年，世界人口已经超过25亿，20世纪末，世界人口突破了60亿[59]。在过去的100多年里，特别是"二战"后的半个多世纪里，世界人口的增长速度十分惊人。

日本在江户时期将循环利用型社会发展到了极致，其人口于明治时期以后能够进一步增加的原因也在于此。

明治时期以后的日本积极引进新技术，推动以农业为中心的传统再循环型社会转变为欧美式的以工业为中心的资源消耗型社会。这样一来，就可以利用出口工业产品获得的利润进口食品，同时使用人工肥料实现农业工业化，提高国内农产品的产量，进一步实现人口增长。

在此背景下增加的大多数人口并没有进入以农业为代表的第一产业，而是进入了第二产业——工业，甚至第三产业——服务业。因为在人工肥料的基础上又开发出了农业拖拉机、杀虫剂等，农业工业化进程不断发展，只需更少的人就能生产出足够的农产品。农产品产量增加及农业生产便捷化，在西方语境下，人类彻底摆脱了亚当所受的责罚，这是人类开始从事农耕以来，经过1万年的长途跋涉而获得的解放。

很久以前，人类的祖先获得了火，由此开始了"追求数量的旅行"。在这段旅程的最后，笔者想通过详细说明农业工业化带来的食品能量的实际情况，向大家展示第五次能源革命的巨大破坏力。

能源朝圣之旅之七——
大粮仓的回忆

1999年初夏，27岁的笔者在伊利诺伊州芝加哥的奥黑尔国际机场等待登机。笔者被伊利诺伊大学厄巴纳-香槟分校的MBA录取，即将开始第一次海外生活。打开登机门的螺旋桨飞机远比想象中小，飞机载着笔者对即将到来的学校生活的期待和不安一路航行。经过一个多小时的飞行，飞机准备着陆，透过窗口可以看到一望无际的玉米地和大豆地。

当时的厄巴纳-香槟市约有10万人口，其中学生和教职员工占了一半，是典型的美国乡村大学小镇。厄巴纳-香槟市的机场只有两个登机口，到达口有学校的标志和一行大字："Welcome to the University of Uinois at Urbana-Champaign"（欢迎来到伊利诺伊大学厄巴纳-香槟分校）。大学就像是这座城市的中心，就连机场也是大学的财产。

在厄巴纳-香槟分校生活能够感受美国粮仓的雄伟。在城市边缘的租借公寓里，透过窗户可以看到无边无际的玉米地，以及每天沿着地平线慢慢消失的夕阳。一棵棵郁郁葱葱的玉米笔直挺

第一部分　追求数量的旅行

伊利诺伊的玉米地（照片：Marcia Straub/Moment/Getty Images）

立，笔者从它们的身姿中可以感受到一种强烈的意志，这些许打消了笔者对新生活的不安。

笔者每天都在不熟悉的环境中埋头学习，而玉米也在茁壮成长，转眼间就已经超过了笔者的身高。收割期很短，不知道从哪里冒出来的大型联合收割机，只用了几天就将玉米全部收割完成。玉米收割后的冬日大地，没有什么能够阻挡凛冽的北风，地平线似乎也变得更宽了。

美国中西部的大粮仓生产的玉米量超过了全世界玉米产量的四分之一，这些玉米除了直接销售，还成为各种加工食品的原料和饲料，支撑着全世界的胃[60]。随着生产工序的机械化，这已经不是农业，更适合被称为工业了。

在第七章，笔者将从能量的角度深入探讨哈伯—博施法发明前后工业化食品生产的现状。

第七章
食品生产的工业化与能量

禾本科一年生草本植物与人类共生

世界三大谷物——小麦、水稻、玉米——都是禾本科一年生草本植物。小麦原产于高加索至美索不达米亚地区，水稻原产于中国南部长江流域，玉米原产于墨西哥西部。它们虽然是原产自不同地区的禾本科一年生草本植物，但都有易于种植、收获以及种子热量高、保存性好的特点。这些特点最终吸引了生活在不同地区的人类，为世界农耕文明创造了契机。

这些植物在与其他草本植物的竞争中占有明显的优势，最终成为人类的耕作对象。在自然界中，为了在与同一地区自然生长的其他草本植物的竞争中胜出，需要有更高的茎和更宽的叶子，这是为了尽可能多地吸收落在土地上的太阳能。

但是，当人类初次种植这些植物时，发生了令它们感到震惊或者说惊喜的事情——人类竟然开始拼命地铲除与它们竞争的其他草本植物。对于被迫在土地上竞争的草本植物来说，没有比这更令它们欢欣鼓舞的了。就这样，以小麦、水稻、玉米为代表的禾本科植物和人类建立了类似蚜虫和蚂蚁的共生关系。

在与人类共生的过程中，实现价值的部分禾本科植物不久后为了更加吸引人类而发生了变异，它们开始抑制茎部生长所消耗的能量，相应地增加结种子的能量。在人类的帮助下，植物们即使不用长高也能安心地汲取太阳能。作为对人类的回报，它们将过去用于生长的能量投入增加种子的产量上。就这样，选择进一步与人类共生的禾本科植物的种子数量逐渐增加，稻穗甚至都被种子压低了头。

这种变异的趋势一直持续到了现代。20世纪中叶，人类完成了"绿色革命"，实现了谷物的大量增产，这都要归功于矮秆品种的研发。矮秆品种的研发和利用哈伯—博施法制作的人工肥料的大量投入，成为支撑现代社会人口增长的力量。

玉米为何能成为粮食霸主？

在世界三大谷物中，产量首屈一指的是玉米。2019年度，世界小麦产量为7.64亿吨，大米产量为4.98亿吨，而玉米产量为11.17亿吨[61]。玉米为何成了世界粮食霸主？答案就在玉米独有的特点中。

玉米突出的特点大致有两个。第一个独有特点在于其外表，重点是种子生长的位置。玉米的果实生长在茎上，而小麦和水稻的果实生长在顶部。这种结构上的差异是巨大的，在强度相同的情况下，在茎的中间结的果实比顶部结的果实更多。也就是说，玉米是对人类回报最大的禾本科植物。

在进入北美大陆的欧洲人带来的小麦只能结出 50 多粒果实的时代，如果换作玉米，可以得到 150 至 300 颗果实[62]。即使不是为了躲避英国的镇压，移居马萨诸塞州的清教徒移民也应该感谢玉米的恩惠。

顺便一提，玉米的这一特点似乎是偶然产生的突变。实际上，玉米的祖先类玉蜀黍和其他禾本科植物一样，细小的种子生长在顶部，而不是茎部。玉米以奇特的形式在茎的中部结出了大量的种子，在墨西哥西部的田野中寻找食物的人类眼中，玉米无疑是上帝赐予的前所未见的礼物。在这种时候恰巧与人类相遇，为玉米日后的繁荣奠定了基础。假如玉米有眼睛和心灵，那么对它们来说，遇见人类就像是遇见了神明。

玉米的第二个特点是其内部的功能，即光合作用的方法。植物通过光合作用汲取能量，固定碳，而光合作用分为 C_3 型和 C_4 型[63]。

C_3、C_4 代表光合作用产生的第一个有机化合物中碳的数量。也就是说，进行 C_4 型光合作用比进行 C_3 型光合作用能多固定一个碳。结果就是，C_4 型光合作用的植物的生长速度比 C_3 型光合作用的植物快，单位面积产量高。在世界三大谷物中，唯一能够进行 C_4 型光合作用的就是玉米。

植物的光合作用系统利用一种循环来固定碳，这一循环由梅尔文·卡尔文和安德鲁·本森发现，因此被称为卡尔文—本森循环。

植物利用光合作用得到的能量每完成一次循环，碳就会被固定为葡萄糖。

卡尔文—本森循环的反应过程十分复杂，其中包括十几种酶，最为关键的是 RuBisCO（核酮糖 -1,5- 二磷酸羧化加氧酶）。RuBisCO 是卡尔文—本森循环的第一部分，参与从二氧化碳中吸收碳的反应。可以说，RuBisCO 承担着决定整个循环工作效率的重要工作。

然而，RuBisCO 作为自然界中的酶，其性能并不优越，与普通的酶相比，RuBisCO 的活性太低。普通的酶每秒能够促进 100~1000 次反应，而 RuBisCO 每秒只促进 3 次反应[64]。此外，虽然 RuBisCO 在富含二氧化碳的环境中默默地努力固定二氧化碳，然而，一旦处于二氧化碳含量较低的环境中，就会与氧气发生反应，引起光呼吸现象：吸收氧气，释放二氧化碳。这是一种消减以固定碳为目的的光合作用的反应，从促进碳固定的角度来看，这并不是一件好事。在 RuBisCO 被用于植物的原始地球时代，大气中的二氧化碳含量较多，所以不会出现问题。但经过漫长的岁月，随着碳固定化的推进，二氧化碳浓度的下降幅度超过预期，而 RuBisCO 的这一特性成为新的课题挑战。

有的人觉得这一循环具有防止过度摄入太阳能源的作用，但光呼吸是否含有隐藏的意义，目前尚未知晓。

C_4型光合作用系统是为了弥补RuBisCO的弱点，因为这种光合作用不仅与二氧化碳发生反应，还与氧气发生反应。具体来讲，卡尔文—本森循环的入口增加了用于浓缩二氧化碳的泵功能，使RuBisCO只能与二氧化碳接触。如此一来，即使大气中二氧化碳的浓度较低，也能有效地进行光合作用。

用于浓缩二氧化碳的泵功能还有一个次要作用。由于能够有效地吸收二氧化碳，与C_3型相比，C_4型植物不需要太多的气孔就能进行光合作用，这就降低了因打开气孔而导致体内水分蒸发的风险，增强了植物对水分较少的干燥条件的耐受性。

进行C_4型光合作用的植物成长迅速，谷物的收获量增多。此外，这类植物（如甘蔗、稗和谷子）还具有耐旱，对种植土地的限制相对较少的特点。这些适合农耕的特点让玉米成了粮食霸主，也是玉米占据植物界霸主地位的根本所在。

变成工业产品的玉米

作为一种生产谷物的植物，玉米具有无与伦比的特点，能够有效地将太阳能转化为食物，一直被人类所珍视。除了被人类当作食物，目前最大的玉米消费者是牛、猪、鸡等家畜。参考2019年世界最大的玉米生产国——美国——的数据就能发现，除了出口，美国国内近一半的消费量，即45%的玉米，都被当作家畜饲料。此外，34%的玉米用于生产生物乙醇燃料；11%用于工业用途，如生产玉米粉和玉米糖浆等；纯粹作为美国人食品的玉米现在仅占美国国内消费量的10%[65]。

为什么要如此提高玉米的产量，扩大玉米的用途呢？这是因为玉米高度适应了20世纪以来迅速发展的以廉价化石燃料供应为前提进行的农业工业化浪潮。

工业化的第一波浪潮是人工肥料的应用。玉米成长迅速、产量高，为了最大限度地发挥作用，就需要大量的肥料，而支撑这一切的正是需要投入大量能量的哈伯—博施法带来的大量人工肥料。

第二波浪潮是应对机械化。人类通过品种改良培育出了单位面积产量更高的杂交玉米，也就是F_1代杂交种（第一代杂交种的意思）。这些F_1代杂交种的遗传基因相同，因此生长形状相同，适合机械播种和收割。

第三波是促进除草剂和杀虫剂相结合的工业化。随着基因工程技术的发展，人类培育出了对特定除草剂和杀虫剂具有抗药性的品种。人类喷洒除草剂去除杂草，使用杀虫剂消灭害虫，但这些对具有抗药性作物没有影响。这真是梦幻般的农作物啊。这样一来，除草剂和杀虫剂就可以与种子捆绑销售。

第四波是种苗企业对种子销售的控制，这一波浪潮完成了玉米生产的工业化进程。杂交种的第二代与第一代不同，据说产量减少了三成，但这使得种苗企业拥有了农业控制权。为了维持高产量，农民每年必须从种苗企业购买种子。就这样，玉米的种植完全处于工业化进程的控制之下。以投入大量化石燃料为前提，使用人工肥料，制造、喷洒除草剂，驾驶大型农用拖拉机等廉价资源的工业型农业诞生了。

随着已经成为工业产品的玉米的产量持续增加，其价格不断降低，并且一直有生产剩余。这是自20世纪以来，在化石燃料价格低廉的环境下实现的第一步。然后就是利用剩余的玉米作为养牛饲料，制造玉米糖浆，最后是用玉米制造生物乙醇。

剩余的玉米将牛肉也变成了工业产品

首先是牛饲料。牛原本是一种食草动物，与杂食性动物猪和鸡不同，牛的食谱里没有玉米等谷物。牛拥有四个胃袋，通过多次反刍来消化难以消化的牧草。牧草的营养价值很低，需要大片土地才能获得足够的量。另外，生产剩余的玉米营养价值高且价格便宜，这就意味着当玉米可以作为牛的饲料时，就不再需要宽阔的草场，在狭小的育肥场就可以养牛。

于是，人们开始研究如何让牛食用剩余的玉米。如果能够将剩余的玉米顺利制成饲料，就能让牛在狭小的场地中快速生长，这直接关系到生产力的提高。换句话说，这就是牛肉生产的工业化。这种事一旦进入工业化进程的讨论流程，就不能再回头了。

为了预防喂食玉米引起的疾病，如牛的第一个胃不能很好地反刍，出现呼吸困难、腹胀等症状，以及原本应该呈中性的牛的第一个胃因酸化而引发酸中毒等，人类不断地开发出各种抗生素，促使大量畜产农家逐渐开始用玉米喂牛。

结果就是，牛的生长过程不断被缩短，过去需要5年才能长成，而玉米饲料最为普及的美国的牛，在出生后14个月到16个月就可以进入市场[66]。就这样，牛肉开始批量生产。牛肉的价格之所以便宜，很大程度上是因为廉价的玉米饲料，这也就是能量的大量投入带来的产物。

进一步来讲，牛肉中只含有牛从食物中吸收的能量的一成左右，其余的九成都用于维持生命所必需的活动和其他代谢活动，如心脏和其他器官的运转以及体温的维持。也就是说，人类用玉米喂牛与直接食用玉米相比，浪费了近10倍的能量。

我们人类在维持70多亿人口的同时仍然允许日常食用牛肉的奢侈行为，无非是将投入了大量能量，实现了工业化生产的大量玉米强行当作了牛饲料。

通过这一事实我们就能明白，我们的饮食生活是如何被大量的能量消费支撑起来的。

笔者并没有因此而生出"不要吃牛排"的想法，但我们吃牛排时，不仅要对献出的生命怀有感激之情，也要对投入的能量抱有感谢之意，因为无论是献上生命的牛还是被大量投入的能量，都一去不复返。

我们的饮食生活充斥着玉米

工业化进程对玉米消费的影响不仅仅停留在牛饲料上，如今，街头巷尾充斥的加工食品和软饮料中，含有大量玉米制成的工业产品——玉米淀粉（玉米制成的淀粉）和玉米糖浆（玉米淀粉制成的甜味剂，在日本多被称为果糖葡萄糖糖浆）。特别是饮用可乐、汽水等软饮料，简直和食用玉米渣没有区别。在快餐中，几乎没有不含有玉米成分的食品。牛和鸡的主要饲料都是玉米，而且大部分是玉米淀粉，番茄酱一般都含有玉米糖浆。

加利福尼亚大学伯克利分校的生物学家托德·道森，通过质谱分析法对麦当劳菜单进行了分析。结果显示，在确定碳来自玉米的食物中，饮料占100%，芝士汉堡占52%，麦乐鸡占56%，炸薯条占23%[67]。这与只食用玉米几乎没什么两样。不知不觉中，我们的饮食有相当一部分被玉米侵占了。

制造这一系列来自玉米的工业产品需要大量的能量，通过湿式制粉工艺将玉米粒制成玉米淀粉、蛋白质、玉米油和纤维，每1卡路里的产品需要消耗10卡路里的化石燃料[68]。至于玉米糖浆，则是对玉米淀粉的进一步加工。玉米从生产到消费，从一种形态到另一种形态，其背后都需要大量的能量投入。

源自玉米的生物乙醇

在关于玉米的消费方式中，生物乙醇的生产显然是一种能量浪费。从能量的角度来讲，虽然养牛和加工食品的能量投入高、收获低，但也可以说是丰富食物的必要投资。然而，生物乙醇的生产成果本身就是被称为液体燃料的能量，因此可以简单地根据能量的成本效益来确定其必要性。

能量的成本效益是指获得的能量与为获得能量而投入的能量的比率，这也被称为能源利润的比例（Energy Profit Ratio，EPR）。由玉米制成生物乙醇，其 EPR 为 0.8 左右，还没有达到 1^{69}。也就是说，为生产而投入的能量比获得的能量更多，这纯粹是在浪费能量。

与其燃烧化石燃料来精炼生物乙醇，还不如直接使用这些化石燃料，这样显然更有效率。玉米也是如此，直接作为食物食用更有效率。在 21 世纪初，美国对生物乙醇的需求激增，甚至出现了玉米价格飙升的情况。将宝贵的食品资源作为汽车燃料，结果导致玉米价格暴涨，贫困的人们遭遇食品危机，简直就是本末倒置。

如果要生产生物乙醇等生物液体燃料，那么最好选用不可食用的原料，如充分利用玉米的茎和叶。近年来，人们在研究一种叫作柳枝稷的多年生草本植物。柳枝稷与玉米同属禾本科，是进行 C_4 型光合作用的植物，因此这一研究成果值得期待。但想要超越经过了不断改良、完成了工业化进程并占据霸主地位的玉米，成为人类的最佳选择，恐怕不是一件容易的事情。如果是为了制造生物液体燃料，那么或许寻求其他方法会更好，如利用繁殖速度较快的藻类。

无论如何，如果最终的目的是制造液体燃料等能源，那么所有 EPR 小于 1 的研究都是在浪费宝贵的能量。虽然这些能量来源于植物，但并不一定意味着实现了生态化，这一点必须铭记于心。

粮食生产工业化的未来如何

世界人口持续增长，以中国为首的亚洲各国经济规模大幅增长，进入中产阶级行列的人数不断增加。富裕的人们有了更多的饮食选择，食肉的频率也随之上升，很多人从这一点上看到了未来粮食危机的苗头。实际上，根据农林水产省（译者注：农林水产省，隶属日本中央省厅，主管农业、林业、水产行业行政事务）的估算，生产 1 千克牛肉需要消耗多达 11 千克玉米，而生产同等数量的猪肉，只需消耗 7 千克玉米，鸡肉的消耗量更少，只需要 4 千克[70]。

为了填饱不断增加的胃袋，丰富人们的味蕾，食品生产的工业化进程在世界范围内仍将继续推进。在部分蔬菜的生产过程中，开始了人工照明和水培相结合的工业化进程，而这也使得为粮食生产投入的能量不断增加。

最有可能改变这种趋势的是仿肉食品的开发。使用大豆制作的汉堡经过不断改良，已经达到了以假乱真的程度。这种仿肉食品的开发原本是为了降低摄入的卡路里，保持健康，但从控制肉类产量和提高能量效率的角度来看，这种食物更有开发的必要。

昆虫食品的普及也很有效。虽然昆虫的外表令人作呕，难以作为食品普及，但蟋蟀等昆虫每1千克体重只需要2千克食物。昆虫从发育到成年所需的时间很短，只有1到2个月，而且一般情况下可以全部被吃掉，所以能量效率非常可观[71]。外观上的问题可以通过研磨成粉末来解决。实际上，虽然很少有人注意，但胭脂红和紫胶等红色食品添加剂，是从干燥后的雌性紫胶虫体内提取出来的色素。因此，完全可以设想将昆虫磨成粉末，混合在蛋白质棒等加工食品中。

食品工业化正在朝着规模化的方向发展，这也是资本主义市场经济逻辑的渗透。人类的饭量是有限的，所以必要的食物总量是根据人口来决定的。在这种约束下，人口增长较慢的发达国家的食品公司和快餐连锁店要想提高资本主义金融市场所要求的高利润率，只有实现寡头垄断，取得竞争优势，或者提高加工程度，增加附加价值。在这样的环境下，许多食品公司和快餐连锁店通过加工食品、提高附加价值找到了出路。例如，已经上市的添加了钙的加工奶、添加维生素和膳食纤维的麦片等。以同样的观点来看，将昆虫磨碎后混合而成的蛋白质棒、用大豆制作的汉堡等，在今后都将成为非常值得期待的加工食品。

当然，有机栽培等不使用人工肥料的方法也能够提高附加价值，但这种方法无法支撑现在的世界人口。粮食生产的工业化将在以供给量为目的的农业生产领域和以提高附加价值为目的的食品加工领域稳步推进。

这样做的结果就是，支撑我们生存的根本变得越来越模糊，我们是在摄取太阳能，还是在摄取从化石燃料和原子能等物质中获得的能量？然而，即使在这样的时代，有些事情也永远不会改变，那就是不能忘记对食物的感激之情。珍惜食物，尽量减少浪费，才能控制多余的能量消耗和人工肥料造成的土地荒废。特别是肉类，尤其是牛肉，尽量不要浪费。这不仅是在祭奠献出的生命，也是在帮助我们赖以生存的社会。

充满能量的人类

19世纪之前的人类一直通过消耗太阳能，以及在自然的氮固化能力范围内产生的食物来维持生命，但自然界中存在无法逾越的鸿沟。从20世纪开始，随着哈伯—博施法的发明，人类轻易地打破了这一界限，以间接吞噬有限化石燃料的形式增加了人口。

根据加拿大曼尼托巴大学瓦科拉夫·斯米尔的说法，如果人类没有发明哈伯—博施法，那么现在世界有2/5的人口就不会存在[72]。另一种说法是，现在人类身体的40%都依赖于哈伯—博施法固化的氮原子。总之，生活在当下的我们都受益于哈伯—博施法。

那么，到这里，我们已经了解了人类五次能源革命的历史。

人类获得能量的历史开始于第一次能源革命中对火的利用，然后通过用火烹饪食物使大脑逐渐变大。接着，随着第二次能源革命的兴起，人类进入了农耕社会，人类通过垄断注入土地的太阳能，稳定地确保了剩余食物，并开始建设城市，发展文明。

后来，人类发明了蒸汽机这种能量转换器，并引发了第三次能源革命，打破了自身肉体的局限性，然后通过燃烧化石燃料来提取大量能量，建造和移动巨大的构造体。

此外，人类通过分析电力的工作原理，学习了如何利用电力，引发了第四次能源革命。通过第四次能源革命，人类不仅能够自由转换能源，还克服了能源利用中的场地限制。随着发电站和输配电网的建设，能源的获取变得更加容易，各种电子设备作为我们身边的能源转换机器，已经渗透到了我们生活的每一个角落。

最后，人类通过发明哈伯—博施法研发了人工肥料，掀起了第五次能源革命，推动了农业的工业化进程，即投入人工能量生产农作物，并以压倒性的能量投入量打破了自然界中粮食生产的界限。

现在，我们人类通过五次能源革命，已经能够自由使用规模巨大的能量了。各种机器可以代替人类的臂力和脚力，长时间稳定地产生巨大动力，就连人类引以为傲的脑力，也已经可以通过信息处理技术大幅增强处理能力和记忆力。在这种外部肉体和外部大脑汇集的社会中生活的我们，可以说已经超越了人类的范畴，成为超人。

从人类大脑的构成来看，人脑对能量的获取是极其贪婪的。即使是在获得了远超保存物种所需食物量的今天，这种贪婪也丝毫没有减弱。大脑为了变得更聪明，需要更多的能量。这是在所有生物中，只有人类才具备的特征。我们大脑的欲望不仅创造了动力机械、信息技术等外部肉体和外部大脑，还打破了自然界规定的氮固化量的桎梏，甚至连维持自身代谢的食物也充满了能量。

生活在现代社会的我们必须深刻认识到这样一个事实：我们的存在需要消耗大量的能量。思考以气候变化和核能为代表的能源问题，归根结底是自我反省，以及思考存在的意义。因为如果人类没有发明哈伯—博施法，那么你和我或许从来就没有存在过。

深究起来，能源问题也是哲学问题。

第二部分
寻求知识的旅行
科学揭示的能量形态

能源问题之所以棘手,是因为我们很难清楚、准确地把握能量的本质。人类拥有无与伦比的头脑,甚至可以想象那些看不见、摸不着的东西。但当我们试图用语言来表达这些东西时,无论如何表达都是抽象的。

科学能量研究的开创者伽利略·伽利雷在研究运动规律时,曾为如何描述带来运动的力而苦恼。他使用了许多与力有关的单词,如 impetus、moment、force 等[1]。此后,随着能量科学的不断发展,其含义也在不断扩大,而用来准确描述能量的词语已经不够用了。

目前,在科学界,动能、势能、热能、电能、光能、核能、化学能等相关的计量单位,从焦耳和卡路里到电气领域常用的千瓦时、石油的计量单位桶、天然气的热量衡量 Btu(英国热量单位)等,已不胜枚举。之所以会出现这种现象,是因为能量有多种形式,人类为每种能量设计了适合的测量方法,所以测量能量的单位越来越多。

第二部分会讲述人类追寻知识的历史。人类一直在努力与能量这一看不见的东西搏斗,力求弄清其本质。那么,先辈们是如何积累有关能量的知识并逐步了解其本质的呢?

第二部分 寻求知识的旅行

第一章
能量是什么？

如果我看得更远，那是因为我站在巨人的肩膀上。

——艾萨克·牛顿

"能量"的词源

让我们一起踏上追寻人类积累能量的知识的旅程吧。在旅途的开始，我们先来思考一下"能量"这个词的由来。我们平时不经意间使用的很多词语中都包含着前人深刻的洞察力。

"能量"一词来自希腊语 ergon，意为"功能"。在 ergon 前边加上前缀 en，得到 energos 一词，意思是"活动的状态"，然后又有了 energeia，意思是"活动"[2]。

在这一基础上，在 19 世纪，作为科学术语，人们创造出了英文词 energy（能量）。到日本的明治时期，"能量"一词作为科学术语之一，与尖端的科学技术一起从德国传入日本，这就是为什么日语中"能量"一词的发音更接近德语，而不是英语。

第一章　能量是什么？

关于明治初期传入日本的外语，以福泽谕吉为首的众多知识分子创作了许多优秀的译词。日语中的"社会""宪法""科学"都是明治初期创造的译词。然而，尽管同样是明治初期传入日本的，但"能量"一词一直到最后都没有合适的译词[3]。

对于与能量这一来历不明之物斗争多年的笔者来说，为什么"energy"一词在日语中没有译词，而是直接使用音译词，这是早就有的疑问。明治初期，热力学已经从蒸汽机的理论研究中兴起，能量的应用范围也从力学动能扩展到了热能，由此可见，"能量"无疑是一个很难翻译的词。但是，习惯了日式思维的笔者的大脑对"能量"这一外来词并不熟悉，笔者一直觉得这或许会妨碍笔者深入理解"能量"为何物。对于精通理科的人来说，数学作为一种独立的"语言"，比表意性语言更加有效，但对于不擅长数学的笔者来说，不得不执着于日语译词。因此，对笔者来说，寻找合适的译词是多年来考虑能源问题的重要课题之一。

笔者觉得我们可以参考汉语，因为汉语与日语中的片假名不同，所有的外来语都必须全部用汉字来表达。经过笔者的查找，汉语里将"energy"翻译成"能"，意思是具备某种能力。在此基础上，能量资源被译为"能源"，热能被译为"热能"[4]。这让笔者有了一种恍然大悟的感觉，但还是有一些懵懵懂懂。

就这样，多年来一直在思考"energy"译词的笔者终于找到了一个词，那就是"力"。这个"力"不是科学术语中的汉字"力"，

-- 137 --

而是日本自古以来的大和语言——用平假名写成的"力"。有这样一种说法，"力"的词源是由表示灵魂的"灵"和"壳"组成的[5]。所谓"灵"，是指久久能智（木精灵）、加具土命（火精灵）、八岐大蛇（蛇灵）等的"灵"，这些"灵"存在于自然界，拥有强大的原始之力和活力[6]。日本人的祖先将"壳"中包裹着"灵"能量的东西称为"力"。

古代的日本人是从一切事物中感受"力"的人。事实上，日文中的"物"原本也是用来表示灵魂的。宫崎骏导演有一部名为《幽灵公主》的作品，"幽灵"在日文中写作"物の怪"。"物の怪"是平安时代开始使用，用来表示怨灵和死灵的词语，但从中可以看出，这一措辞有比平安时代更古老的时代的痕迹[7]。

生活在现代的我们知道明治初期第一次遇到"能量"一词的日本人不知道的事情：质量和能量是等价的，即物体是一团能量。这是由爱因斯坦的相对论得出的事实，因世界上最著名的物理公式 $E=mc^2$ 而为人所知。这个公式是在明治四十年（1907年）发表的。古代日本人感受事物的灵性，把蕴含能量的东西称为"力"，这是一种极其合情合理的表达。

在人类经过长年累月创造的语言中，也有能够牢牢抓住抽象事物本质的措辞，"力"就是其中之一。无论是从对闪电的观察中了解到雷电的肥料效果，还是发现事物存在"力"，古代日本人通过对自然现象的彻底观察，对事物的本质有着敏锐的感受力。

亚里士多德的"dunamis"与"energeia"

当然，具有敏锐感受力的不仅有古代的日本人，在伽利略和牛顿出现之前，推动科学发展的西方人也和日本人有着同样的切身感受。比如，古希腊有一个词叫 dunamis，意思是潜在的能力和技能。这个词是公元前 4 世纪的知识巨人亚里士多德提出的。

亚里士多德的思想根基是系统地总结自然界中所有的运动和变化，他首先注意到运动和变化都有开始和结束。亚里士多德最关注的是结束，而所谓"结束"，就是事物通过运动和变化达到目的的状态。例如，当他看到一种植物从种子中发芽，不久就会开花时，他是这样想的："种子发现内在的力，并达到了它的目的。"

亚里士多德把这些种子所具有的潜能称为 dunamis，然后通过表达运动状态的 energos 一词创造出一个新词 energeia，用来表示达到目的，即变成花的状态。这种想法与日语的"力"所具有的语感非常接近，因为 dunamis 意味着事物中储存了能量。

dunamis 最终成为英语 dyvnamie 的语源，意思是力量和动态，dynamo（发电机）和 dynamite（炸药）等词也是由此诞生的。这样的用法与英语中的 power（力量）相近。在日语中，"出力""動力""推力"等汉字中的"力"的用法也与之相近，但与古代日本人所理解的能量本质，即本身就蕴藏着能量相比，多少有些疏远了。

energeia 也是如此。energeia 一词最初是亚里士多德从表示运动状态的 energos 中创造出来的哲学术语。随着时代的发展，这个词逐渐成为表示"活动"的通用术语。energeia 成为后来作为科学术语被创造出来的"能量"一词的语源，词义已不同于往日。

实际上，从哲学思维中诞生的能量与从科学思维中表达的能量相比，是一个易于理解的概念，因为亚里士多德对 energeia 的思考有助于将更容易被当作是科学问题来讨论的能源问题重新定义为更加广泛的社会问题。

我们以旅行为例。

物理学将旅行者使用的能量单纯地定义为从 A 点移动到 B 点的动能（物理学上的工作量）。这是一种枯燥无味的世界观。

但是，按照亚里士多德对 energeia 的思考，一个人旅行的目的及旅行的过程都是他所使用的能量的一部分。也就是说，这个人所拥有的对旅行的热情和意义也是能量的构成要素。

7 世纪为寻求佛经从中国远走印度那烂陀寺的玄奘；8 世纪不顾五次渡海失败和失明的苦难，东渡日本传教的鉴真和尚；13 世纪至 14 世纪来自意大利的马可·波罗和摩洛哥的伊本·巴图塔；15 世纪至 16 世纪航海时代的瓦斯科·达·伽马和克里斯托弗·哥伦布；16 世纪在亚洲各地传教的传教士圣弗朗西斯·泽维尔，在考虑这些历史人物所取得的历史成就时，支撑他们伟业的是对勇敢挑战未知世界的旅程的热情和意义，包含这些经历在内，所表现出来的就是 energeia。

第一章　能量是什么？

笔者之所以尝试通过不同时代和地点的旅行来撰写关于能量的故事，也是因为笔者想尽可能地融入 energeia 的观点。人类创造的社会或多或少都包含人的意志力，即对 energeia 的反映。对能源问题的思考绝不应该只限于科学领域。笔者认为，我们只有思考生活在现代的所有人类今后想要构建什么样的社会，以及为了达到这一目标而走过的路程，才能正确地把握问题，并找到解决方法。

亚里士多德被称为万学之祖，他在物理学、天文学、动物学、植物学、哲学、伦理学、政治学等各种各样的学问上都留下了伟大功绩，而他作为生物学家尤其出色。亚里士多德仔细地观察自然，他认为自然是万物有目的地相互联系，并由此构成的大秩序、生态系统。正因为如此，才能够很好地表达每一个事物所具有的内在力量。

亚里士多德虽然是万学之祖，但在将近 2000 年后被进行落体实验的伽利略指出了其在运动规律方面的错误观点。更有甚者，亚里士多德的天文学思想——地心说——被推翻，导致其权威大打折扣。尽管如此，亚里士多德的自然观仍然有效。近来，越来越多的人开始尝试将自然现象分割成细小部分，并试图解释其中的原理。时至今日，我们应该重新审视一下亚里士多德把自然作为一种秩序来看待的观点。

自然景色之所以美丽，是因为大自然是一个和谐的整体，如果将一切分割成部分进行讨论，虽然会让讨论变得简单，但其结果也有可能无法说明整体。以气候变化为代表的当今的能源问题恰恰是整个地球的问题，如果分割成地区来讨论，那么是得不到答案的。

如果没有志向，就无法想象想要成就的未来，就无法集聚 dunamis，也不能表达 energeia。

亚里士多德的哲学至今从未褪色，他的哲学理论让生活在现代的我们有了更多的认识。

伽利略的科学革命

在距亚里士多德活跃的公元前 4 世纪近 2000 年后的 16 世纪，伽利略·伽利雷诞生在意大利的土地上。伽利略用两个大小相同但重量不同的球体在斜面上做了一个实验，发现无论物体的重量如何，球体滚动的速度都是一样的。这一发现撼动了亚里士多德的权威，因为根据此前亚里士多德的定律，人们普遍认为物体越重，掉落速度越快。

伽利略的这一发现是在质疑大众认知，但这也是通过实验反复观察出现的现象，是利用数学知识进行描述和分析的结果。伽利略的这一实验打开了以实验和观察为轴心的近代科学的大门。

与其说近代科学的目标是将自然现象公式化，并以此排除作为构成 energeia 的重要要素——事物——存在的意义和目的，倒不如说近代科学试图通过彻底排除这些东西来揭示自然规律。

第一章　能量是什么？

就这样，亚里士多德的 energeia 从科学界消失了，人们开始了追求能量本质的新旅程。

从牛顿（力学）到焦耳和开尔文男爵（热力学）

近代科学最初仅以伽利略的实验所代表的力学动能作为观察对象，其最大的成果就是艾萨克·牛顿创立的运动三定律，以及可以被称为古典力学最高峰的万有引力定律。这些物理方程的左边都是 F，代表力的 F。也就是说，在牛顿活跃的 17 世纪，"能量"一词还没有作为物理学术语被固定下来。

人类首次使用"能量"一词是在 19 世纪之后，著名的英国物理学家托马斯·杨在进行光干涉实验时使用了这个词。1807 年出版的关于他的皇家学会讲义中有这样的记载[8]。然而，"能量"一词的用法仍然局限于解释力学现象。

直到 19 世纪中叶以后，"能量"一词才开始被用于解释力学之外的现象，那是以焦耳定律而闻名的詹姆斯·普雷斯科特·焦耳，和以绝对温度 K（开尔文温度），即原子和分子停止运动的温度（零下 273℃）而闻名的开尔文男爵大放光彩的时代。

在这个时代，终于出现了有关能量的理论，力学的世界逐渐向带有"热"的方向扩展。根据这一时期确立的热力学第一定律，即"能量守恒定律"，"能量"一词终于登上了具有现代意义的历史舞台。

詹姆斯·普雷斯科特·焦耳于1818年出生在英国一位富有的酿酒大师家中，成年后，焦耳在支持家族企业的同时，开始利用私人经费开展物理研究。焦耳想用伏特电池和电机为家族经营的酒厂制造一种廉价的动力装置，来替代蒸汽机。不幸的是，焦耳的这一尝试以失败告终。与其说他是一位企业家，不如说他是骨子里热爱实验的研究者。不知不觉间，焦耳的注意力转移到了电流流动产生的热量上，他开始专注于探索两者之间的关系。

　　焦耳将有电流通过的导线浸在水中，反复测量水温的变化情况，他发现电流在单位时间内产生的热量 Q 与通过电流 I 的平方和导体的电阻 R 成正比，这就是世人所说的焦耳定律。

　　证明了电流和热量之间的关系后，焦耳又开始研究热量的来源。当时，关于热的理解还没有定论，热质说[1]认为热是没有质量的流体，热之唯动说[2]认为热是一种运动形式。虽然热质说是历史上的主流学说，但焦耳认为热之唯动说可能更加正确。

　　为了验证这一点，焦耳进行了一项实验，通过砝码的重量带

---

[1] 译者注：热质说是一种错误和受局限的科学理论，曾用来解释热的物理现象。此理论认为热是一种被称为"热质"的物质，热质是一种无质量的气体，物体吸收热质后温度会升高，热质会由温度高的物体流到温度低的物体，也可以穿过固体或液体的孔隙。热质说在拉瓦锡1772年用实验推翻燃素说后开始盛行，拉瓦锡的《化学基础》一书就把热列入基本物质之中。

[2] 译者注：热之唯动说，认为热是物质的一种运动形式，是分子无规则运动的表现。

动水中的叶轮旋转，并精确测量了运动引起的水温上升的程度（图4）。由于通过叶轮旋转得到的水温变化微乎其微，最初每次实验都得到了不同的数值，但焦耳对实验的热情胜过一切。终于在1847年前后，经过反复实验，焦耳得到了准确的实验结果，证明一定的运动量可以转化为一定的热量。

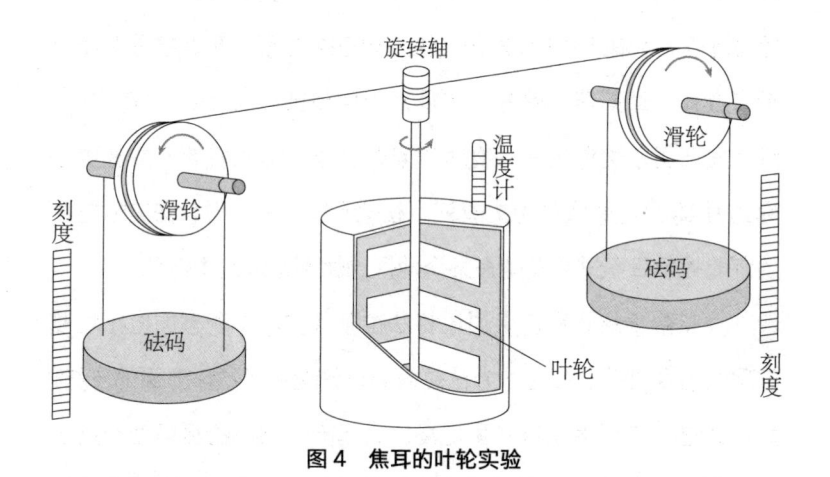

图 4　焦耳的叶轮实验

因此，焦耳得出了热不是物质而是运动的结论，并证明了热和运动的等价性。他认为热和运动都是一种能量形式，并且可以相互转换。就这样，在构建"能量守恒定律"框架的同时，"能量"一词在力学之外的其他领域使用的条件已经成熟。

焦耳发现热是能量的另一种形态后，诞生了一个新的学术领域，这一学术被最先发现焦耳实验价值的英国物理学家威廉·汤姆森，也就是后来的开尔文男爵命名为"热力学"。

第二部分　寻求知识的旅行

从麦克斯韦（电磁力）到爱因斯坦（原子能）

在同一时代，迈克尔·法拉第发现了电磁感应定律，证实了动能可以转化为电能，电力也是能量的一种形式。

这里就不得不提到来自苏格兰爱丁堡的天才物理学家詹姆斯·克拉克·麦克斯韦。麦克斯韦的个人成就惊人，完全不逊于爱因斯坦，他在1864年发表的关于电磁的方程，现在被称为麦克斯韦方程。毫不夸张地说，这是19世纪最伟大的科学成就之一，而美国诺贝尔奖得主——物理学家理查德·菲利普斯·费曼更是称其为19世纪最大的历史成就，在他看来，同一时代在美国发生的南北战争只不过是发生在某个地区的微不足道的事件[9]。

擅长数学的麦克斯韦通过将法拉第从实验中积累的电磁场基础理论组合成数学公式，为法拉第的理论提供了数学方面的支持。然后他进一步证明磁场产生电场，电场产生磁场的循环使空间振动，产生电磁波，表明了能量的传递。此外，麦克斯韦通过计算得出电磁波的速度与光速基本一致，并由此预言光是电磁波的一种。这一理论之后在德国物理学家海因里希·赫兹的一项实验中得到了验证，赫兹证实了光是能量的一种形式，而人们也用赫兹的名字来命名频率。

从同时发出光和热的太阳和火焰来看，光可能具有某种能量，这是可以通过经验想象出来的，但谁也没法证明这一点。麦克斯韦的天才数学能力证明了这一点，这可以说是一个近乎奇迹的成

第一章 能量是什么？

就，而这也为20世纪登场的阿尔伯特·爱因斯坦打好了基础。

20世纪初是爱因斯坦大显身手的时代，物理学中最大的挑战在于如何使表示物体行为的牛顿力学与表示电磁波行为的麦克斯韦方程达成一致。根据麦克斯韦方程，包括光在内的所有电磁波的速度在真空中恒定为每秒约30万千米。

但是根据牛顿力学，物体的速度是没有极限的。最终，爱因斯坦的头脑解决了这一矛盾。

爱因斯坦得出的结论是，时间和空间可以变化，以便始终保持光速恒定。就这样，爱因斯坦于1905年发表了狭义相对论。其实，这一理论中有一个很大的副产物，那就是$E=mc^2$（E：能量，m：质量，c：光速）的发现。爱因斯坦做了一个实验，分别从静止和移动状态观察光从左右两侧进入静止物体的情况，他发现，当物体吸收能量时，其质量一定会增加。这一重大发现令人惊讶的是，质量也是能量的一种形式。

这一点可能很难直观地理解。质量是指物体不易移动的程度，但在日常生活中常被解释为"重量"（严格来说两者意义不同）。如果说重量就是能量，那么很多人都会感到一头雾水。然而，科学事实是，能量不仅具有动态形式，如物体的运动和热；还具有静态形式，如物体的质量。

此时，围绕能量的讨论已经完全超越了传统的力学框架。在寻找能量本源的旅程中，我们终于遇见了一个极其简单而美丽的公式$E=mc^2$，而这也可以说是科学的胜利。

如果用语言来表达,那就是可以作为具体依据的事物正在逐渐丧失,成为变幻莫测、难以理解的概念。

关于能量的争论之所以麻烦,是因为科学的用法已经远远超出了一般人的理解。我们在讨论能量的时候,经常会陷入一些抽象的、不合逻辑的讨论中,其原因之一就在于此。笔者听到最近关于能量的争论,发现大家都有为了方便而定义能量之嫌。我们虽然十分熟悉"能量"这个词,但想要正确地理解它却又十分困难。

第二章
能量的特性

我曾参加过许多由传统文化素养很高的人举办的聚会,他们在会上谈笑风生地讲述科学家的无知。有那么一两次我很生气,因为我问他们:"你们知道热力学第二定律吗?"结果他们的反应冷漠且消极,而我只是问了一个与"你读过莎士比亚的作品吗?"同等水平的科学问题。

——查尔斯·珀西·斯诺(英国物理学家和小说家)

世界上的一切都由能量组成,这是科学界已然揭晓的事实。无论是物体,还是光、热,都只是能量的一种形式,我们的周围充满了能量。事实上,人们认为,仅仅是落在地球上的太阳能,就相当于人类现在所使用的能源总和的 10 000 多倍。归根结底,我们身边的一切事物,包括我们自己,都是一团能量。

这样一想,我们就会觉得人类不会遭遇能源问题,只要以适当的方式改革技术,就能获得无限的能源。即使不依赖涉及安全性和高放射性废物处理的核能,以及会排放二氧化碳的化石燃料,也有可能开发出环保型能源。有了人类聪明的头脑，剩下的只是时间问题。

然而，对技术创新的过度乐观只会使人停止思考。为了真正解决能源问题，我们需要了解能量的物理特性及能量的局限性，而能够让我们获得这些知识的正是热力学的研究成果[10]。

威廉·汤姆森（开尔文男爵）的烦恼

当人们对能量的讨论还局限于力学问题时，就已经认识到了能量的可转化性。当你抬起钟摆，然后放手，它就能以一定的间隔进行往复运动。在运动的过程中，钟摆抬起时获得的重力势能逐渐转化为动能；当钟摆到达底部时，所有的势能都转化为动能；当钟摆反向摆动时，动能逐渐衰减并再次转换为势能；当钟摆达到与起始位置相同的高度时，所有的动能都转换为势能（图5）。由此可见，动能和势能具有可转化性，且总能量保持不变。

但是，在保存力学能量的过程中存在一个问题，由于摩擦力，钟摆的实际运动会逐渐衰减，最终停止。关于这一问题，焦耳经过多年的努力与积累，最终完成了证明动能转化为热能的实验。

第二章 能量的特性

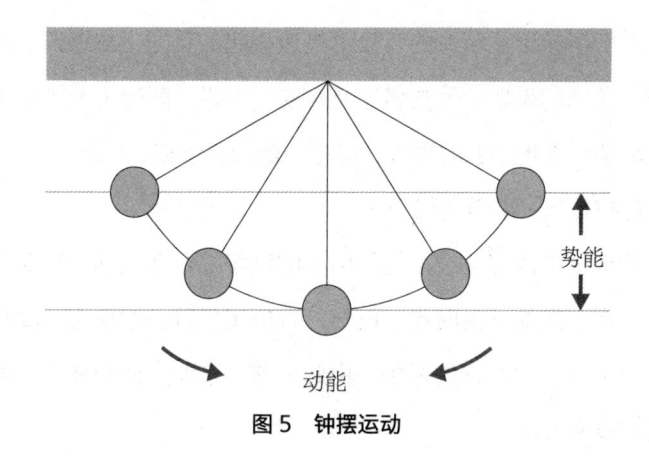

图 5　钟摆运动

焦耳根据自己的实验结果，进一步提出热能和动能具有可转化性，可以相互转化。但在现实中，他并没有通过实验证明这一理论。焦耳的实验只能证明重物的动能可以转化为热能，并不能证明热能可以转化为动能。

在那之后，创造了"热力学"一词的威廉·汤姆森（也就是后来的开尔文男爵）高度评价了焦耳的实验结果，但与此同时，他对于热能转化为动能的问题一直保持着谨慎的态度。这是因为，对同时代以蒸汽机为代表的热机驱动原理的理论研究表明，从热能中提取动能具有一定的局限性。

早逝"巨星"萨迪·卡诺

故事要追溯到 19 世纪初的法国。当时有这样一位人物，他冷静地分析了在工业革命的背景下迅速崛起的英国,并想到了祖国法国与英国的差距。他的名字是萨迪·卡诺。萨迪·卡诺是法国革命战争中表现出色的军人,也是一流的科学家,他出生于1796年,是拉扎尔·卡诺的长子。

萨迪·卡诺在父亲拉扎尔创办的巴黎综合理工学院接受英才教育。在卡诺的学生时代,巴黎综合理工学院被拿破仑·波拿巴改编为培养技术军官的军校,由此培养出了像卡诺一样关心国家问题的技术人员。

卡诺将英国和法国进行了比较,他分析称,两国的国力差距集中在如何有效利用蒸汽机上。如果能开发出效率更高的蒸汽机,法国就能凭借工业和军事力量统治世界。普通人肯定会止步于此,但卡诺并没有,这就是卡诺的伟大之处。他凭借传承自父辈科学家的眼光,以开发更高效的蒸汽机为目标,开始阐明蒸汽机的结构。

卡诺的研究总结在1824年发表的《关于火动力的反思》中。他的研究建立在当时的错误观点——热质说——的基础上,但他成功地从理论上阐明了以蒸汽机为代表的热机驱动原理及其局限性,这将为热力学的研究做出重大贡献。

卡诺将热动力机的运动简化为4道工序,并将其整理为循环运动。这4道工序(图6)是:(1)等温膨胀、(2)绝热膨胀、(3)等温压缩、(4)绝热压缩。在等温膨胀的过程中,汽缸通过与高温热源槽接触来接收热能,汽缸内部的气体在保持温度恒定的状态下不断膨胀。在绝热膨胀的过程中，由于高温热源槽被分离，气体的膨胀会慢慢平息，温度也会下降。在等温压缩的过程中，通过与低温热源槽接触向外释放热能，在保持温度恒定的情况下，气体逐渐收缩。

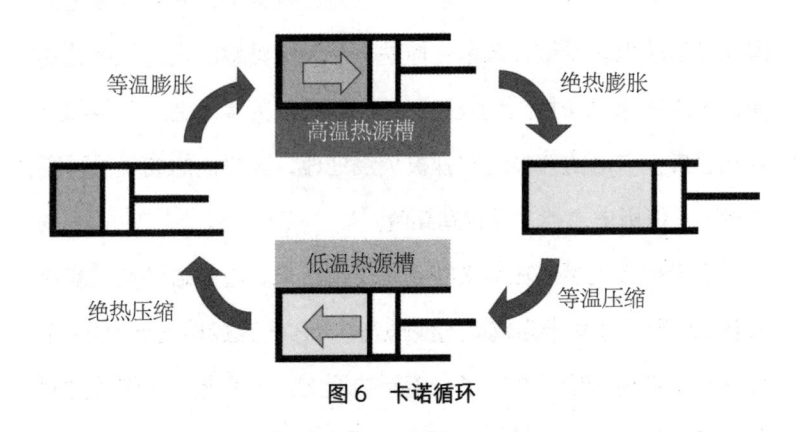

图6 卡诺循环

在绝热压缩的过程中，低温热源槽分离，气体收缩逐渐平息，温度逐渐上升，回到初始温度。只需重复这一循环，活塞就能运动。

在这个被称为卡诺循环的运动中，需要注意的是低温池的需求。为了使循环运转，必须向外释放一定量的热能。也就是说，卡诺循环表明，为了从热能中取出动能，一定要舍弃部分热能。

此外，卡诺最关心的热动力机的最大效率，仅由高温池和低温池之间的温差决定。

这就是我们现在所说的"卡诺定理"。

卡诺循环是理想情况下的运动，忽略了活塞运动产生的摩擦和大气压的影响，所以现实中的热动力机的效率永远不会超过卡诺循环的效率。至此，卡诺发现的定律首次科学地展示了热动力机在效率方面的局限性。

卡诺独自完成了英国和法国的国力比较分析，并且从理论上阐明了热动力机的最大效率。他是一个天赋异禀的人。但遗憾的是，卡诺在36岁时患上了霍乱，于1832年英年早逝。为了防止霍乱感染，卡诺的许多遗物都被焚烧处理，因此他的成就很可能被遗忘，但历史之神并没有抛弃他。

卡诺的伟大足迹在后来被重新挖掘出来。与卡诺同在巴黎综合理工学院，了解卡诺成就的法国人埃米尔·克拉珀龙于1834年整理了卡诺的理论，并写了一篇新的论文。这引起了对热动力问题有着浓厚兴趣的威廉·汤姆森（后来的开尔文男爵）的注意，卡诺的成就也因此广为人知。

克劳修斯的灵感

热能和动能是否能够互换？在威廉·汤姆森还没得到答案时，德国物理学家鲁道夫·克劳修斯就抢先了一步。

克劳修斯阅读了汤姆森传播的焦耳和卡诺的论文，并彻底思考了让两者不相矛盾的说明方法。结果发现，承认热能的特殊性是解决矛盾的关键。克劳修斯在1850年发表的论文中指出，热能和动能一样，都是能量的一种形式，其总量保持不变，但能量中存在其他的质量问题。从高质量的动能转化到低质量的热能是可能的，但从低质量的热能转化到高质量的动能时会产生一定的损耗。

也就是说，克劳修斯不是寻求统一的理论，而是通过同时建立总量守恒和质量差异这两个不同的法则来寻求解决问题的方法。克劳修斯的灵活思维令人惊讶，这个想法在后来被总结归纳出来，成了热力学的第一定律和第二定律。

热力学第一定律——能量守恒定律

热力学的第一定律也被称为能量守恒定律，它指出，能量具有互换性，不会消失，但也不会增加。

热力学第一定律揭示的是，我们不能无中生有。也就是说，无论集合了多少人类的智慧，都不可能从一无所有的地方创造出能量。人类所能做的是通过技术革新，从拥有能量的物质中以人类可以使用的形式将能量提取出来。热力学第一定律从理论上证明了凭空制造能量的永动机是不可能实现的。

但是，这里产生了一个问题。在能量守恒定律发挥作用的世界里，确实不能凭空创造出新的能量，即使使用过一次的能量也会被保存，绝不会消失。因此，能量是否可以重复使用？这一问题似乎依旧预示着能够永续运作的永动机的实现。

关于永动机，自中世纪以来，人们提出了许多想法，绘制了许多蓝图，但都没能实现。为什么人类造不出永动机呢？热力学第二定律为人类制造永动机的梦想画上了句号。

顺便说一下，笔者不知道比热力学第二定律更有启发性的法则。最初，热力学第二定律自热力学命题中诞生，但不久后，这一定律的应用范围之广逐渐变得清晰起来。笔者敢肯定，如果我们只需要知道一条物理定律，那一定是热力学第二定律。至少对那些对能源问题感兴趣的人来说，这是一条必须知道的重要法则。

热力学第二定律——能量耗散定律

热力学第二定律阐述了一些尽人皆知的现象，例如，烧开的水不久后就会冷却，但冷水不会自然变热。这是理所当然的吧。第一个意识到这件理所当然的事情的重要性的人正是克劳修斯。他注意到一个事实，那就是热能具有不可逆转的方向性。

我们来看几个具体的例子。在河边散步时，轻轻踢开脚下的石头，石头会以强劲的势头开始滚动，但最终会静止。因为在滚动的过程中，石头与地面和空气接触，产生摩擦力，并逐渐失去推动力。摩擦产生热量，石头最终会停下来是因为石头所具有的动能，最终全部转化为了摩擦的热能。

根据热力学第一定律，能量总量保持不变。动能全部转化成热能，但在转化的过程中，能量的质量没有被保存，因为能量的形态变成了热能，广泛地散失在地球大气中。

根据前文提到的卡诺的发现，人们已经知道，以蒸汽机为代表的热动力机的最大效率仅由高温池和低温池之间的温差决定；而散失到大气中的热能会立即达到新的平衡状态，形成恒定的温度，无法产生热动力机运行所需的温差。因此，一旦释放到大气中的热能无法再次转化为动能，能量的质量就会下降。

我们生活的世界中存在摩擦力和阻力。在这个世界里，我们无法阻止能量转化为热能。也就是说，在我们生活的世界里，能量会自然散失，且不可逆转。热力学的第二定律说明了这一普遍事实。随着热力学第二定律的确立，人类可以通过科学知识来理解自己能够有效利用的能源是有限的。所有的一切最终都会变成热量散失。

空调、冰箱如何工作？

话说回来，如果这个世界被热力学第二定律所支配，即能量不断耗散[1]，那么人类为什么会发明空调、冰箱这样可以降温的机器呢？这难道是与第二定律相矛盾的人类头脑取得的胜利吗？

---

[1] 译者注：耗散，在物理学中是指运动等产生的能量在阻力作用下不可逆地转变为热能的过程，在热力学中相当于自由能量的减少。

像空调一样利用电能将房间内部的部分热能转移出去的结构叫作热泵。它的运作方式与热动力机相反，热动力机依靠外部投入的热量获得动能，而这种结构依靠从外部投入的能量汲取热量。

使用空调给房间降温确实会降低房间的温度，但这需要投入电能来驱动空调中的鼓风机和热交换器。这时，除了从房间内汲取的热量，空调驱动产生的摩擦热也会使外部的温度上升。

冰箱也是一种热泵。如果冰箱没有室外机，反而会使室内温度升高。因此，不要想着空调坏了，打开冰箱门就能给房间降温。冰箱确实可以放出冷气，但冰箱上方和侧面的散热板会散发出更多的热量，导致房间温度上升。

关于空调和冰箱的区别，简单来说就是将热量释放到屋外还是留在屋内，但总的来说两者都会释放出更多的热量。

如此一来，无论是石头滚动还是使用空调、冰箱，投入的能量最终都会摇身一变，成为低质量的热能，并广泛散失。我们注定无法摆脱热力学第二定律的束缚。

街灯和电子屏幕点缀着夜晚的城市，工厂里的压缩机不停地工作，电脑终端一边散热一边运转，卡车车队运送货物，所有这些都是由不可逆转的能量消耗塑造而成的。这种消耗是不可逆转的。从内心理解这一点，对于面对能源问题至关重要。

人类能够活用的高质量能量是有限的，也是不可替代的，因此必须珍惜。这就是热力学第二定律告诉我们的最简单的信息。通过这一点，我们就能明白在思考能源问题时，理解热力学第二定律的重要性。然而，热力学第二定律告诉我们的道理不仅限于此。热力学第二定律带给我们许多启示，这些启示会延伸到我们生活的每一个角落。

熵的出现

热力学第二定律是为了说明热能的特殊性而产生的，不久后又产生了新的说法，那就是熵。"熵"这个词可能会给人一种陌生的感觉，让人觉得它是一种比能量更加高级的科学概念。但实际上，熵比能量更贴近我们的生活。因此，请大家不要回避，跟随笔者一起来看看。

熵是克劳修斯于1865年提出的一个概念，这个概念阐明了卡诺循环显示的热能向动能转换时造成的能量损失。克劳修斯透彻地思考了卡诺定理的含义，即热动力机的最大效率仅由高温池和低温池之间的温差决定。经过10多年的反复试验，克劳修斯注意到，高温池释放出的热能与无法转换成动能而被舍弃到低温池中的热能之间的关系，可以通过两者分别除以各自槽中的温度，列出不等式。低温池的取值通常大于高温池，这意味着热能的不可逆性可以通过量化明确地显示出来。

克劳修斯继续进行整理，将接收因无法转换为动能而被舍弃的热能的低温池的数值设为正数，将提取热能的高温池的数值设为负数，使整个系统中两者之和一定为正，即始终朝着增大的方向发展（图7）。克劳修斯通过量化热能的不可逆性，让处理能量质量问题的热力学第二定律变得更加完整。用移动的热能除以槽的温度，所产生的新物理量涉及动能和热能的转换，这一灵感来源于希腊语 trope，意为"转换"，并被命名为熵。

图中文字：

高温池 温度 T_1 — 提取热能 热能 Q_1 — 热动力机 — 舍弃热能 热能 Q_2 — 低温池 温度 T_2

$\dfrac{-Q_1}{T_1}$ 熵减少

转换为动能（功）W

$\dfrac{Q_2}{T_2}$ 熵增加

热能 Q_1 = 动能（功）W + 热能 Q_2

热效率（％）= $\dfrac{动能（功）W}{热能 Q_1}$ × 650%

热力学第一定律 能量守恒定律

系统整体的熵变化 = $\dfrac{-Q_1}{T_1}$ + $\dfrac{Q_2}{T_2}$ > 0

热力学第二定律 熵增加定律

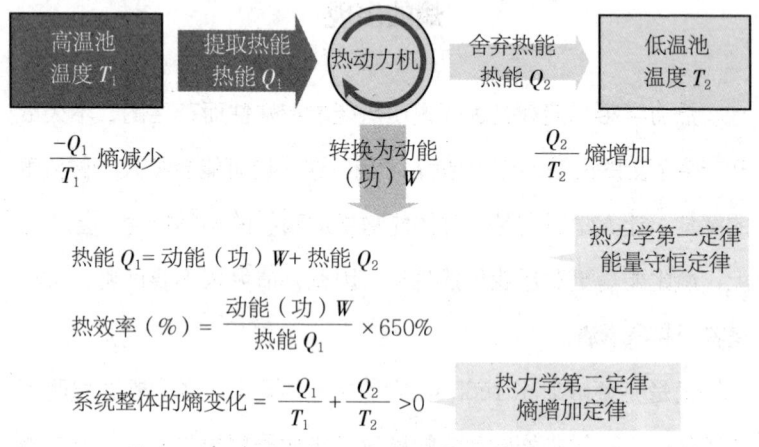

图7　热动力机中的能量转换和熵变化

话说回来，听到"熵"这个词，很多人都觉得它（entropy）和同样以希腊语为语源创造的"能量"相近，这也是理所当然的。为其命名的克劳修斯说他创造"熵"这个词的目的是使其与"能量"一词相似，因为两者的物理学意义密切相关[11]。

对于想要深入理解每一个词的意思，拘泥于词语结构的笔者来说，这一命名多少有些可惜，因为在后来，人们证明了熵的概念可以广泛应用于热力学之外的其他领域，这一结果远远超出了克劳修斯的定义。但是，也不能就这样把责任推给克劳修斯。

覆水难收——熵代表什么？

熵作为一种表现热能所具有的不可逆性的方式，浮现在克劳修斯的脑海中。不可逆的方向是通过整个系统的熵始终为正数，并不断增加来保证的。但是，虽然熵的发明对说明热能的不可逆性起到了作用，但依然不能说明热能为什么具有不可逆性。总之，熵这个物理量到底意味着什么，一直是个谜。

出生于1844年的奥地利物理学家路德维希·玻尔兹曼阐明了熵的真正含义。玻尔兹曼曾研究过气体分子运动与热能的关系，他认为热能是一种微小粒子，即原子和分子随机运动的集合体。他解释称，温度越高，原子和分子的运动就越激烈，热量也就越高。

不久后，玻尔兹曼于1877年写了一篇论文，为了整合气体分子运动这一微观现象和热能这一宏观现象之间的关系，他从概率和统计的角度论证了熵是原子和分子随机运动带来的"无序"程度。这篇论文具有划时代的意义，它表明，如果所有原子和分子都是随机运动的，那么即使单个运动过于精细和复杂，无法进行分析，也可以较高的概率统计预测整体的状态。

玻尔兹曼运用新的科学——概率和统计——知识提出的理论只有在原子和分子存在的情况下才能成立，但当时的人类还没有证明分子和原子真实存在，因此这一理论因太过超前而遭到了彻底的批判。由于受到太多的批评，玻尔兹曼得了精神病，最后自

第二部分　寻求知识的旅行

杀了。但是，在他死后不久，人类就证明了原子和分子是真实存在的，玻尔兹曼运用概率和统计的知识提出的理论的正确性也得到了证明。他开创的学问后来被称为统计力学。

统计力学将熵重新定义为代表"不规则"的物理量。熵的值越大，越不规则，也就越混乱。熵是克劳修斯用来表达热能和动能之间"转换"的词，在玻尔兹曼的努力下，"杂乱"、"无序"和"混乱度"等原本恰当的表达变得更加明确。

我们很难准确地描述"能量"，即使竭尽全力，也只能将其翻译成日语中的"力"。然而，我们却能够准确地翻译出"熵"这一表达单向不可逆过程中"不规则"和"混乱度"的词语，这暗示了熵比能量更容易理解。笔者认为这一点十分重要。为了深入研究，我们再来看一些更加具体的事例。

例如，玻璃杯掉到地板上会碎成碎片，即使我们收集所有碎片，杯子也无法复原。这一事例通过玻璃碎裂来表达熵增大了。说到底，即使杯子没有掉在地板上，在不断使用的过程中也会慢慢磨损，随时都会出现裂纹。这种现象也是单向的不可逆过程，说明熵增大了。

有一句成语叫作"覆水难收"，意思是泼出去的水无法收回。这也可以说是一个单向不可逆的过程，也是对熵本身的讨论。也就是说，"从盆中泼出去的水"可以说明熵增加了。

我们再来看一个更加熟悉的事例，那就是"时间"的存在。所谓"时间"，就是从过去到现在再到未来的单向不可逆的过程。

由此可以想象，时间与熵有着千丝万缕的联系。这是一个非常有趣的事实，笔者将在下一章进行更加详细的介绍。

总而言之，熵有助于我们理解广泛存在于世界上的不可逆的过程。由于熵的应用范围已经超过了热力学的框架，现在人们更多地将热力学第二定律简单地称为"熵增定律"。事实上，没有什么物理概念能够比熵更直接地代表我们生活的这个世界的真理。归根结底，熵的概念是从概率和统计的角度建立的对宏观环境的分析。

我们生活的世界不是一个以分子和原子活动为中心的微观世界，而是一个宏观世界，它由一些尺寸巨大、我们可以凭借五官看到和触摸到的物体构成。在这个世界里，我们看到的景色是宏观的，在概率和统计的理论帮助下，这些现象以熵量的形式变得可视化。

随着科学的发展，越来越多的人开始从微观的角度讨论能量的实体，对于外行人无法理解的内容，熵承担着从宏观角度进行解释的作用。因此，要想以一种与我们的生活相结合的方式来理解能量，学习熵就是一条更加可靠的捷径。

此外，学习熵能让我们意识到资源是有限的。根据热力学第一定律，原本应该保持守恒的能量为什么是有限的呢？这是因为能量的质量问题，我们真正需要的是能源中的低熵资源。因此，资源是有限的。

第二部分　寻求知识的旅行

通过熵了解热动力机的效率

在讨论能源问题时，需要了解如何确定能量利用的效率和极限。理解熵对了解这一点有很大的帮助。下面我们将试着用熵来解开热动力机效率的相关问题。

首先，为了让大家更容易理解熵作为物理量的设计思想，笔者将为大家说明熵如何解释热动力机的效率无法达到100%。

虽然现实中并不存在，但请大家先试想一下效率达到100%的热动力机。这样的热动力机可以将所有热能转化为动能，而不将热能损失在低温池中舍弃。这样的热动力机的熵会是怎样的呢？

由于热动力机中流入低温池的热能为零，因此低温池中的熵量变化为零。而热力学中熵的公式是用移动的热能除以槽中的温度，因此，如果热能没有增加或减少，那么公式中的分子就为零，低温池中的熵量不会发生变化。高温池中熵的减少量为提取出的热能除以高温池的温度。结果就是，高温池和低温池的熵的变化总量为负值，这违反了熵增定律。

为了使高温池和低温池组成的整个热动力机系统中的熵增加，必须将部分热能损失在低温池中，使低温池中产生的熵超过高温池减少的熵。这样一来，热动力机的运转必然要将一部分热能损失在低温池中，即不能实现100%的能量转换。

我们开始进入主题，利用熵来思考热动力机的效率。

正如上文中假设热动力机的效率为 100% 时所揭示的那样，为了让热动力机循环运行并从热能中提取动能，低温池产生的熵必须大于高温池提取热能时减少的熵。

在这种情况下，我们希望高温池中提取的热能尽可能地转化为动能，因此，要尽量减少损失在低温池中的热能。那么，如何才能让损失的少量热能超过高温池减少的熵呢？

要做到这一点，只需保证高温池和低温池的熵总量增加。为此可以让高温池中减少的熵尽可能地少，让低温池中增加的熵量尽可能地多。熵是由热能量除以温度得到的，所以高温池的温度越高越好，低温池的温度越低越好。

低温池的温度基本上是由地球大气温度决定的。想要创造出低于地球大气温度的环境，就需要额外的能量。结果表明，为了减少排放到低温池中（即大气中）的热能，就需要尽可能地提高高温池中的温度。高温池中的温度越高，向大气中排放的热能越少，这样就能以更高的效率将热能转化为动能。

这清楚地说明了卡诺定理，即热动力机的效率只取决于高温池和低温池之间的温差。

明白卡诺定理就能掌握技术的前景

顺便一提，卡诺定理对于能源问题来说是一个非常有用的科学定理，因为我们只需要知道卡诺定理，就可以从科学的角度简单地分析热动力机发电的前景。

如何改善热动力机的效率至今仍是一项课题，即按照卡诺定理，尽量增大高温池和低温池之间的温差。火力发电是通过最大限度地增大这一温差来发电的结构。在新型的火电厂的汽轮机高温池中，已经能够封锁住600℃的蒸气，与低温池中大气温度的温差超过了500℃。热效率最高达到了43%[12]。

此外，最新的联合循环发电将燃气轮机和蒸汽涡轮机结合在一起，进一步提高了热效率。这种联合发电系统的热效率可达60%以上[13]。为了运行最新的燃气轮机，需要能够承受超过1600℃高温的结构，冶金技术的实用化实现了这一需求，对提高热效率做出了重大贡献。

这些技术创新的历史表明了热动力机效率改善的局限性。正如我们在第一部分第三章关于冶金技术发展史的介绍中所看到的那样，铁是一种数量充足、质量优良，在世界上广泛流通的金属，在温度达到1538℃时就会液化。所以，在最新的燃气轮机中，以镍为基础，加入铁和熔点更高的铬、钼等贵金属，开发和使用耐热性更好的合金[14]。日本还在研发能够在1700℃的环境下运行的技术，但不可否认的是，从材料的角度来看，这已经接近极限。从詹姆斯·瓦特和制铁工程师约翰·威尔金森的合作开始，热动力机的改进和制铁技术的创新所带来的合作发展即将迎来大结局。这些科学想象之所以能够发挥作用，正是因为卡诺定理的功劳。

这些文明的利器使我们能够将热效率提高到50%以上，真是一项伟大的成就啊！纽科门的蒸汽机是世界上第一台实用型蒸汽机，其热效率只有 0.5% 左右。即使是引领工业革命的瓦特蒸汽机，热效率也只达到 2%~5%[15]。正是萨迪·卡诺洞悉了保持高温池高温的重要性，人类才能开启热动力机技术的创新之路。

我们接着来看核能发电。核能发电是利用核裂变反应产生的热量带动蒸汽轮机转动发电，其原理与火力发电相同。然而，由于包裹核燃料棒的锆不耐高温，高温池和低温池之间的温差达不到火力发电的程度（高温池的温度大概在 280℃）。因此，核能发电的热效率稍稍低于火力发电，只能保持在 30% 左右[16]。

不过，我们不能只简单比较热效率，就得出核电效率不如火电的结论，因为热效率只是需要比较的对象之一。只有从开采和运输所需的能量及从每种燃料中获得的能量多少等方面综合比较核电的能源铀矿石和火电的能源化石燃料，才能得出正确的结论。这就是探讨能源问题时的难点所在。

那么，作为一种不排放二氧化碳的能源，近来备受期待的地热发电的前景如何呢？目前正在运行的地热发电所使用的蒸汽和热水的温度在 200℃ 至 350℃ 之间[17]。也就是说，虽然不及火力发电，但地热发电的高温池温度与核能发电的高温池温度相当。

然而，这些高温蒸汽和热水的来源仅限于由不断上升的岩浆加热的地下水储藏层。虽然日本是一个多火山的国家，地热资源较为丰富，但很多地方被开发成温泉，或被指定为国家公园，想要自由开发地热资源具有一定难度。

当然，越深入地球内部，温度就越高，所以即使不是火山带等特殊地方，只要挖一口深井，就能让高温池保持在较高的温度。地下的温度梯度（任意两点之间的温度变化，这里是指温度随地下深度的变化）约为每千米30℃，简单计算就能得出，只需向下钻探超过6千米，就能获得地热发电所需的200℃以上的温度。以目前的技术水平来说是可行的，但从经济的角度来看，有些得不偿失。

近年来，出现了一种叫作二元制的发电方式，即利用80~150℃的热水和蒸汽发电。虽说放宽了发电的温度条件，但由于降低了高温池的温度，热效率也随之降低，因此不适合大规模发电。由此可以想象，虽然不适合大规模发电，但未来地热发电将会成为自产自销的小规模发电主体。我们只需要知道卡诺定理，就可以有诸多的奇思妙想。

我们在讨论热动力机时，首先要关注高温池和低温池的温差。只要从卡诺定理入手，就能看到不一样的世界。

第三章
能量流能够创造什么?

对不同的人来说,每个人感觉时间的长短不一样。

——莎士比亚《皆大欢喜》

"时间"是由人类创造的

在随着现代科学发展而出现的诸多定律中,没有比热力学的第二定律,也就是熵增定律更具有启示性的了。这一点值得反复强调。其核心的事例就是在我们的生活中根深蒂固的"时间"与熵的关系。

我们所认为的"时间",是指从过去到现在再到未来的单向不可逆的过程。活跃于20世纪上半叶的英国天文学家亚瑟·爱丁顿称之为"时间之箭"[18]。

我们之所以能够感受到时间的流逝,实际上是因为热力学的第二定律,事物的耗散会让这个世界朝着单一方向运动。

然而,这种不可逆的趋势仅限于宏观世界,在原子级的微观世界中，存在许多出乎意料的变化。让我们试着通过深入研究热能来思考这一点。

热能的存在决定了能量的耗散、损失。热能是一大群原子或分子的无序运动而产生的动能集合体。那么，如果只有一个原子在运动，会发生什么呢？不管它朝哪个方向移动，一个原子都只能朝一个方向前进，这样一来，就不会出现无序的运动。单个原子的运动产生的是动能而不是热能。也就是说，在仅有一个原子或分子的微观世界中，是不存在热能的。

事实上，在描述动能的牛顿力学和相对论的物理公式中，并没有时间只朝一个方向前进的束缚，因为即使时间反转，公式也成立。也就是说，我们无法确定微观世界中是否存在着通向过去、现在、未来的"时间之箭"。即使拥有现代物理学方面最先进的知识，关于时间问题的讨论也依然没有结果。

令人惊讶的是，我们所熟悉的"时间"实际上只是第一次出现在宏观世界中。

我们再进一步深入探讨这个问题，说得大胆一些，时间的流动原本就是生活在宏观世界的生物（也可以说是人类）独自创造的东西。生物体受到外界刺激，并在自己所允许的自由范围内做出决策和反应，从受到刺激到对其做出反应的一系列顺序，正是生物体能够感受到时间的原因。我们人类能够长久地记住自己过去做出的决策，因此应对外界刺激的一系列决策也会逐渐形成固定的记忆。这样一来，我们就能通过从诞生到死亡的时间性来确立自我的存在。"人生就是一场旅行",这种感受也是基于对时间的认知。

也就是说,人类利用因获得火而进化的无与伦比的脑力来记忆时间的流逝,并创造了"时间",从而相信自己的存在。笛卡儿所说的"我思,故我在"不正是准确地说明了这一点吗?甚至可以说,由于认识到了过去、现在、未来的时间流,人类明白了自己可以按照自己的意愿开辟未来。

人类创造了时间,也获得了创造未来的能力。

这样看来,"时间"既被人所熟知,又蕴含着深奥的道理[19]。支撑时间存在的也是热力学第二定律,即熵增定律。

地球环境与热能的关系

在关于热力学第二定律的讨论中,我们看到了热能散失到大气中的现象。如此一来,人类活动带来的余热会不会导致地球气温上升呢?这难道不是近来闹得沸沸扬扬的气候变化、全球变暖的原因吗?或许有人会有这样的担忧。

的确,人类大量使用能量的结果导致向大气中排放的余热能量正在加速增长。实际上,在人口密集的城市,这种影响已经非常明显,再加上人工构造物的影响,出现了通常被称为"热岛现象"的高温现象。

但是,全球范围内的暖化就另当别论了。太阳向地球释放的能量超过了人类使用能量的 10 000 倍。因此，人类活动释放的余热能量对整个地球环境的影响微乎其微。

作为对气候变化和全球变暖的影响，伴随着二氧化碳和甲烷等温室气体的增加，温室效应的影响压倒性地增强。这是因为温室气体的存在阻碍了地球接收太阳能，然后向宇宙释放能量的过程。

运送热量的方法有三种：传导、辐射和对流。温室效应与热辐射有关。热辐射是指一个物体发出的电磁波被另一个物体接收，并以此运送热量。电磁波的特征是在真空中也可以传递热量，其中受益最大的就是我们这些生活在地球上的生物。

太阳光由各种波长的电磁波组成，在真空的宇宙空间中畅通无阻，包括可见光和紫外线、红外线等我们看不到的光。太阳光到达地球时，其中一部分被大气和云反射或吸收，剩余的一半多到达地球表面。其中很少一部分是光合作用的能量源，大部分被地面和海洋作为热量吸收，形成水循环和大气对流的能量。

假设地球上没有形成温室效应的大气，那么会发生什么呢？白天热量温暖地面和海洋，而到了晚上，由于地球表面的热辐射，转眼间热量就会跑到极寒的宇宙中。

正因为如此，在几乎没有大气的月球上，昼夜温差超过了 200℃。然而，由于地球上有足够的大气（包括水蒸气、二氧化碳和甲烷等温室气体），能够吸收一定的热量，地球环境才能形成易于生物生存的温度带。

温室气体对于我们生物来说是不可或缺的，但由于太阳释放出的能量过于庞大，一旦平衡被打破，就会阻碍地球向宇宙中释放能量，加速全球变暖。作为温室气体之一的二氧化碳随着人类的活动而增加，这就是令人担忧的问题。

但是，实际的地球的气候环境并不仅仅由大气成分决定，也会受到太阳的活动状态、大规模的火山喷发、地轴倾斜和地球公转轨道的细微变化等因素影响。建立模型，预测复杂的地球气候是一项极其困难的任务，因此，讨论人为的气候变化总是离不开怀疑论。

笔者也认为是人为因素导致气候变化的，但笔者不打算在本书中详细讨论。正是因为拘泥于这些讨论，才导致人们不再关注能源问题的本质。

那么，我们应该关注什么呢？地球的气候环境是由太阳释放的巨大能量流塑造而成的。笔者希望大家关注这股能量的流动，因为地球上的能量流与我们存在于这个世界的原因紧密联系在一起。

神奇的耗散结构

我们的存在是一个奇迹。如果世界遵循热力学第二定律，朝着越来越杂乱的方向发展，那么为什么生物这一可谓秩序本身的存在，能够诞生并进化呢？这是科学中的难题。不少人解开了这一难题，证明了上帝的存在。解开这一难题的是关于能量流动带来的结构的研究。

像地球一样持续从外部接收能量，最后释放能量的系统被称为开放系统或者非平衡系统。在这样一个能量流动的世界中，在事物从有序朝着无序发展的过程中，局部会出现具有特定秩序的结构。

吸收热带地区的热量，然后自然生成、生长的台风就是一个很好的例子。台风通过接收热带地区温暖海水的能量供给，形成漩涡结构。不久后台风登陆陆地，并向纬度高、海水温度低的地区移动，海水的能量供给减少，最终在无法维持结构的地方自然消失。

秩序的终极案例，就是我们生物。

1917年出生于俄罗斯的科学家伊利亚·普里高津，在研究能量流动的开放系统时发现了局部的有序现象。他把这种现象命名为"耗散结构"[20]。这一发现说明了在像持续从太阳那里接收能量的地球环境一样的开放系统世界中，名为生物的秩序有可能自然发生。普里高津因对耗散结构的研究取得重大成就，在1977年获得诺贝尔化学奖，我们也可以从科学的角度相信自己的存在。

我们这些生物在太阳制造的巨大能量流中诞生，然后通过光合作用和捕猎，贪婪地吸收太阳释放的能量，让生命延续到下一代，并开始慢慢地登上进化的阶梯。我们在巨大的能量流中诞生，不，是被赋予了生命。

很多古代文明崇拜太阳，恐怕不只是偶然。古代人类凭借自身的感觉知道了人类为何诞生，为何被赋予了生命。

文明即耗散结构

当我们思考普里高津开创的耗散结构时，就会发现这有助于我们思考文明的未来，因为我们所建立的文明本身就是在巨大的历史时间流中出现的耗散结构。

人类开创文明，讴歌繁荣的故事是通过不断积累知识完成的。知识的积累首先离不开语言的发明，因为在此之前，个人的经验和技术无法传承，只能一代一代地散失；而随着语言的发明，这些经验和技术才能代代相传。世界各地口头流传下来的许多神话和传说，都是通过语言将经验和知识传递给下一代的方法。这些语言中包含了韵律和反复的创作手法，《荷马史诗》就是一个典型的例子。

技艺的传承除了语言的讲解，还有反复的实操练习。日本有一种极其有趣的仪式，暗示着技术的传承方式延续至今，那就是每天早上在伊势神宫举行的"生火仪式"。人们用笔罗子制成的芯棒摩擦扁柏板生火，这种生火的方式古往今来是一成不变的。这被认为是在没有文字的时代，人们为了确保将"生火"这一高级技术传承给下一代而创造的方法[21]。

后来人类创造了文字，又发明了纸，记述的方式也从以浓墨重彩的口传为主体的韵文形式，变成了能够自由表达的散文形式，一代又一代的传承变得更加精准和复杂。这一过程中奠定了知识多层积累的基础。

就拿难以通过口头传承的哲学来说。西方哲学真正的发展开始于柏拉图以散文对话的形式记录自己的老师苏格拉底的话语。苏格拉底一生都没有亲自写下自己的话语，考虑到他的弟子柏拉图在著述时选择了对话的形式，我们可以认为那个时代是从口传到文书的过渡时期；而作为柏拉图的弟子，被称为万学之祖的亚里士多德也将登上历史舞台。

所有这些人类对知识的积累，都能带来秩序，即耗散结构。当知识的积累超过临界点时便开始发光，就意味着文明的兴起。人类的文明可以说是在巨大的历史时间流中出现的耗散结构。

为了维持耗散结构，需要源源不断的外部能量供应。一旦能量供应中断，耗散结构就会在顷刻间消失。始于古代美索不达米亚的城市文明，通过投入大量人力来整修建筑物和道路，从而建立了名为城市的秩序。

但是，由于森林丧失导致土壤流失，土地沙漠化加剧，人们开始抛弃城市，秩序也随之逐渐丧失，没有人的城市不久后就回归了土壤。

在热力学第二定律主宰的世界里，想要维持一定的秩序，就要不断地从外部吸收能量。这是关于耗散结构的讨论得出的一个结论。人类从古至今都在不断积累知识。为了将积累的知识作为一种"结构"来维持和发展，就要投入更多的能量。这就是从古至今，人类对能源的消耗持续上升的原因。为了维持更加复杂多样的"结构"，我们必须投入更多的能量。

纽约和迪拜的摩天大楼、在世界各地飞来飞去的飞机，以及连接海湾地区的联合企业群等，所有支撑人类文明的事物都是在从有序走向无序的洪流中出现的秩序，也就是耗散结构。假如人类不得不缩减能量消耗，就像台风逐渐减弱一样，这种结构就会变得难以维持。如果维护不到位，那么过不了多久，屋顶就会漏雨，窗扇就会出现缝隙；飞机无法起飞，变成了大件垃圾；工厂的管道被腐蚀开孔，导致停工。

现代社会的繁荣只不过是依靠大量的能量消费勉强支撑，从某种角度来看非常脆弱。

节能技术会增加能源消耗？

我们可以从关于耗散结构的讨论中梳理出，人类为了维持长期积累下来的知识，防止耗散，必须增加能量消耗，但是这里产生了一个疑问。

人类关于节能的知识不会成为例外吗？从结论来看十分遗憾，人类关于节能知识的积累，在大多数情况下也不例外。节能技术是通过减少能源消耗来降低设备的制造成本和使用成本。曾经被称为"三神器"的电视机、冰箱、洗衣机已经广泛普及；从一家一部黑色电话到人人一部手机，从结果上看，能量的总消耗量是增加的。

上述理论是 19 世纪英国经济学家威廉·斯坦利·杰文斯首次提出的，因此被称为杰文斯悖论。在杰文斯生活的 19 世纪中叶的英国，整个社会享受着工业革命带来的压倒性的富裕，同时又对煤炭资源枯竭感到担忧。

在这种情况下，有人主张进一步提高节能技术，抑制煤炭资源的消耗量。

当代一流的经济学家杰文斯对这种观点敲响了警钟。杰文斯在 1865 年写了一本题为《煤炭问题——关于国家进展和煤矿枯竭可能性的研究》的书，并指出事实完全相反[22]。杰文斯仔细研究了过去的技术创新，特别是詹姆斯·瓦特改良的蒸汽机的效果。瓦特通过安装冷凝器，成功地将蒸汽机在相同功率下所需的煤炭量减少到了纽科门蒸汽机的一半以下。这是一项单纯的节能技术，由此引发的巨大变革大家有目共睹。正是瓦特亲手发明的节能技术，开启了始于工业革命的高耗能时代的大门。

杰文斯在著作中这样记述了围绕节能技术的开发与社会整体能源消耗量之间关系的悖论："对燃料的经济利用是为了减少消耗的假设完全是胡思乱想。事实恰恰相反，根据许多类似事例中公认的原则来看，经济转型原则上是朝着能源消耗增加的方向发展。"

节能技术的发展固然重要，但不要认为这是解决能源问题的完美方法。

节能技术是由于人们对制造出的产品有着强烈的需求而磨炼

出来的。因此，在需求强劲的领域加速技术创新的同时，却又不能抑制人们对制造产品的需求。相反，技术创新降低了生产成本，提高了产品性能，这往往会激发更多的需求。

也就是说，对于已经充分普及社会各个角落的物品，只有进一步应用节能技术才能切实发挥节能的作用。在发达国家，如照明器具从灯泡到荧光灯，再到 LED 等，各种产品的节能效果逐渐出现。然而，包括尚未获得足够照明设备的低收入国家在内，考虑到全世界的整体发展水平，降低人类社会能耗的效果将十分有限。

这一点与卡诺定理所示的热效率极限一样，是人类期望通过技术创新来解决问题时不容忽视的观点。

用哲学理念思考能源问题

如果每项节能技术都有增加社会能源消耗量的倾向，那么为了维持和发展以知识积累为基础的现代文明，除了继续增加能源消耗量之外别无他法。

因为高质量的能源是有限的，所以这样的社会就会像屡次陷入困境的古代文明一样，无法摆脱破产的命运。为了实现可持续发展的社会，我们该以怎样的姿态面对能源问题呢？

我们不能天真地期待技术创新能够解决问题。生活在现代的我们目睹了信息和通信技术的日新月异，从而产生了一种错觉，认为技术创新能够解决一切问题。但是，能量世界是热力学第一定律和第二定律主宰的世界。从一无所有的地方制造能量的技术，和逆转能量质量的技术都是不可能实现的。此外，节能技术的发展并不能从根本上解决问题。因此，我们应该放弃简单的技术创新信仰，从更深层次正面面对能源问题。这是思考能源问题的第一步。

为什么要从更深层次正面面对能源问题呢？回答这个问题之前，我们先回顾一下人类历史，想一想为什么人类会不断增加能源消耗。知道了其中缘由，就会得到减少消耗的提示。所谓知己知彼，也就是哲学的态度。

人类为什么一直在增加能源消耗呢？正如我们在第一部分看到的那样，从利用火开始，人类经过了五次能源革命，能源的消耗量急剧增加。笔者认为每一个过程都有共同之处，其关键词就是"缩短时间"。

人类在第一次能源革命中学会了使用火，并以"享饪"的形式戏剧性地缩短了咀嚼食物所需要的时间。野生黑猩猩一天中有六个多小时在咀嚼食物，而我们一日三餐总共只需要两个小时，吃饭快的人只需要一个小时。就这样，人类戏剧性地缩短了吃饭所需的时间，过去用于吃饭的时间，现在可以用来编织衣服、制作工具。

人类在第二次能源革命后进入了农耕时代，由于产生了剩余的粮食，出现了不从事粮食生产的统治阶层，以及具有冶金等特殊技能的工匠阶层。从整个社会来看，人类进入农耕社会后，生产粮食的时间缩短，让一部分人集中承担繁重的农活儿而让其他人获得可自由支配的时间成为文明兴盛的原动力。

人类在第三次能源革命中发明的有实用价值的蒸汽机成为工业革命的动力，开启了高耗能社会的大门。矿山和工厂配备的蒸汽机，在同样的时间里完成了比人和牛马多几十倍的工作量，而且机器们从不喊累，也不用休息。

当然，人们也在努力改良无论如何过度使用都不会有任何怨言的机器。随着蒸汽机的小型化发展，出现了搭载小型蒸汽机的蒸汽船和蒸汽机车，为人们的出行提供了更多便利。随着更适合小型化的内燃机的问世，汽车和飞机迅速普及。这些动力交通工具的出现和普及，极大地缩短了人们的出行时间，使人们的出行变得更加快捷。

人类在第四次能源革命中学会了使用电力，并消除了距离障碍。因摩尔斯电码而闻名的电信技术在19世纪中叶作为高速信息传递手段风靡一时，各地的铁路线上竞相铺设电信线。自从发明了使用电报技术的股票行情显示装置后，爱迪生开始了他作为发明家的辉煌职业生涯。此后，电信技术不断发展，与以计算机为代表的信息处理技术的发展融为一体。即使在现代社会，电视广播、移动电话、互联网技术等仍旧是信息通信网络的中枢。就这样，人类消除了距离障碍，即使不进行实际移动，也能获得世界各地的信息，或与人沟通。即使面对大量复杂的信息，也可以利用计算机在极短的时间内处理完。这些都是可以缩短时间的举措。

人类在第五次能源革命中发明了人工肥料，粉碎了自然界对生命供给氮的限制。哈伯—博施法的发明使人类获得了让土壤快速变得肥沃，实现粮食大丰收的方法。随着拖拉机等耕作机械的引进和谷仓塔等大型储粮设施的运行，农业工业化进程不断推进，农业生产效率逐渐提高。现在，在农业大国美国，农业人口只占全部就业人口的1.3%[23]。有效的农业经营使更多的人从农活儿中解放出来。此外，随着价格低廉、营养价值高的玉米的大量生产，人类花费在牛肉等肉类生产上的时间大幅缩短。结果就是，人类花费在食品生产上的时间越来越少。剩余的时间就是在推动以信息通信产业为代表的新型产业的发展。

当我们梳理出人类的历史活动后就会发现，人类的历史可以说是从"缩短时间"，或者说是在"时间快进"中发现价值的历史。这也从另一个角度印证了人类价值判断的标准是如何偏重脑力的。我们平时追求的是在尽量减少身体负担的同时获得最大的成果。人类大脑对获取能量的无止境的欲望产生了时间快进的结果。

生物的时间

上文中提到了"时间"是人类无与伦比的头脑创造的东西，

但人类并不满足于此，还执着于把时间拨快。如何抑制人类这种企图把时间拨快的欲望呢？笔者认为，回答这个问题是解决能源问题的一个关键。

生物学研究揭示了关于每种动物的固有时间和体形大小的有趣关系。从诞生到成年所需的时间、呼吸的间隔、心脏跳动的间隔等，动物的固有时间随着体重的增加而增加。

例如，老鼠的心脏每分钟跳动 500 多次，而大象的心脏每分钟只跳动 30 多次。老鼠的寿命几乎不会超过 3 年，而大象一般能活 60 年。将这些数据代入公式，就能知道每种动物固有生命长度约与体重的 $\frac{1}{4}$ 次方成正比。这样算来，想要将寿命延长 1 倍，体重就必须增加 16 倍。

另外，我们知道单位时间内消耗的能量与动物的体重成反比，这一比例是体重的 $-\frac{1}{4}$ 次方。体重和时间的关系正好相反。

也就是说，在相同重量下进行比较，动物一生使用的能量是一成不变的。在相同重量的细胞层面，老鼠和大象一生消耗的能量相等。由此可见，动物的体形越大，能量流动越缓慢[24]。

我们生活在现代社会，每天都要消耗大量的能量。我们将从自然界直接获得的能源（石油、煤炭、天然气、太阳光等）称为一次能源，将加工一次后得到的电、汽油等称为二次能源。当我们试着将不同国家一次能源消耗量和依据人口数据得到的人均一次能源消耗量，用生物学中的恒温动物的体重与标准代谢量的关系式进行拟合，结果令人错愕。日本人的体重约为 4.75 吨，和亚洲象一样重，至于人均一次能源消耗量位居世界第一的美国人，则超过了陆地动物中体重最大的非洲象，约为 11.7 吨[25]（表1）。

表1　从生物学角度观察各国国民的假想体重

	美国	日本	德国	孟加拉国
人均单位时间一次能耗（W/人）	9323	4732	5165	294
假想体重（kg）	11718	4750	5337	117

注：作者根据 BP 统计 2019 年和 2019 年联合国人口统计中的 2018 年数据进行的估算。

实际上，人的体重达到 60 千克就会消耗大量的能量。接下来，我们用表示单位体重能量消耗量的代谢率与其他动物进行比较。体重越小的动物，代谢率的数值越大，于是，得到了这样一个估算结果：如果将体重约为 0.1 克的恒温动物的代谢率应用到日本和德国的国民身上，那么当动物的体重达到 60 千克时，也能消耗同等体重下人类所需的全部能量。0.1 克的体重是恒温动物无法比拟的。哺乳类中最小的姬鼩鼱和鸟类中最小的吸蜜蜂鸟的体重最多不到 2 克。

由于人类寿命的 1 年相当于犬类的 7 年，20 世纪 90 年代后半期，为了描述信息通信技术进步速度之快，诞生了"狗寿"一词，用来比喻一年的速度是平常速度的 7 倍。此后，信息通信技术的创新步伐进一步加快，"鼠寿"一词应运而生，因为老鼠的生长速度是人类的 18 倍。但事实上，我们正以一种令人惊愕的速度度过一生,甚至连"鼠寿"都跟不上我们的步伐。

鉴于这一点,难怪我们生活的世界越来越世态炎凉。为了在当今能源大量消耗的社会中生存,我们不能只依靠埋藏在身体里的生物时间流,而是必须置身于更加激烈的时间洪流中。

我们应该如何面对时间?

人类的身体是以在更慢的时间流动中生活为前提而创造的,但人类极端肥大化的大脑对此毫不在意,只想一味地拨快时间。作为一种生物,人类的时间在这两者之间完全处于一种被撕裂的状态。

现在,我们应该强烈意识到的是如何摆脱大脑主导的思维方式,实现尽可能贴近身体的思维方式。倾听自己身体发出的声音,探究人类的深层心理,就可以改变拨快时间的生活习惯。

例如,调整呼吸,练习坐禅或瑜伽,这样有助于让大脑平静,使时间的快慢恢复到身体适应的状态。另外,不在乎时间的话,慢跑也很有效。自然地呼吸,当回过神来,就会被一种叫作"跑步者快感"的幸福感填满。

坐禅、瑜伽和跑步在全世界都很受欢迎,这证明了我们有一种潜在的回归身体时间的欲望。调整整个社会的节奏并非易事,但也并非完全不可能。

最近,日本的家庭餐厅和便利店等都在重新考虑 24 小时营业的问题。这种动向原本可能是因劳动力不足而引起的变革,但也可以说是值得期待的抑制时间加速效果的社会变革之一。

对于能源问题等复杂的社会问题,仅依靠非黑即白的思维模式是无法解决的。想要解决能源问题,就要以人类大脑对时间的认知为轴心,意识到身体发出的悲鸣,每个人都应该思考如何一点点地改变对个人和社会来说理所当然的事情。

在一个依靠加快时间来发现积极价值的社会中,控制能源的消耗量并非易事。我们必须建立一个在缓步前行的过程中发现积极价值的社会。

第四章
什么是理想的能源？

自然界没有无用之物。

——亚里士多德

在之前的章节中，我们一直在追寻人类追求知识的历史和成果，以捕捉能源这一实际存在却又无法捉摸的东西。在追寻知识之旅的结尾，让我们从科学的角度对目前人类使用的各种能源进行分类。笔者认为，只要了解每一种能源来自什么样的能量，就更容易理解每种能源的特点和挑战。

我们先按照不同的发电方式来整理能源的种类，然后对火力、核能、水力、光伏、风能、地热和潮汐进行讨论。

20世纪末，人为排放温室气体引起的全球变暖的问题被提出后，人类就开始以发电时是否排放二氧化碳来区分能源。

结果就是，二氧化碳排放量最多的，即使用煤炭的火力发电成了头号坏人；而核能作为不排放二氧化碳的能源，再次受到人们的关注。

然而，当时被称为"核文艺复兴"的核能的风光日子并没有持续多久。2011年发生的日本大地震造成的福岛第一核电站事故，让人们重新认识到了核能管理的困难。如今，除了拥有悠久历史的水力发电外，作为无二氧化碳排放的基础电源，光伏和风能等可再生能源的普及值得期待。因此，目前人们所称道的方法是将能源分为火力、核能和可再生能源（水力、光伏、风能、地热和潮汐）三种。

但是，笔者认为，只是将二氧化碳的排放量作为标准，并不能让我们直观地看到能源问题的本质，因为二氧化碳是燃烧的产物，燃烧只是释放能量的手段之一。所以，笔者决定运用人类获得的科学知识，同时尝试从个人的角度，以不同于二氧化碳排放量的观点对能源进行分类。

将能源分类后会发现什么？

现代物理学认为能量是由四个因素组成的，即"强力""弱力""电磁力""重力"四种。除重力外，其余三种力都与物体的质量有着密切的关系，这些力都是因物体质量的减少而释放能量，也就是爱因斯坦的 $E=mc^2$ 构成的世界。随着2012年希格斯玻色子[①]的存在被确认，这三种力在理论上得以统一。

---

① 译者注：粒子物理学标准模型预言的一种自旋为零的玻色子（有异议），不带电荷、色荷，极不稳定，生成后会立刻衰变。1964年，英国科学家彼得·希格斯提出了希格斯场的存在，进而预言了希格斯玻色子的存在。

第四章 什么是理想的能源？

关于重力，总有一天会在大统一理论中说明，这虽然令人期待，但想要说明这一点，还需要一个名为超弦理论[①]的难解理论，所以可能还需要一些时间。如果从物理学的角度对我们每天使用的能源进行分类，则可以分为源自重力的力和其他三种力，也就是源自质量的力，这是目前基本的分类方法。

如果我们按照力的来源对目前实际应用的发电方法进行分类，就会得到完全不同于按照二氧化碳排放量进行分类的结果，即源自重力的潮汐发电，源自质量的火力发电、核能发电、光伏发电、风力发电、水力发电，以及两者混合的地热发电。（见表2）

表2　发电方法的不同分类

分类法1

源自质量	质量、重力混合	源自重力
核能发电 火力发电 光伏发电 水力发电 风力发电	地热发电	潮汐发电

分类法2

源自太阳能	非太阳能发电
光伏发电 水力发电 风力发电 火力发电	核能发电 地热发电 潮汐发电

---

① 译者注：超弦理论（Superstring）属于弦理论的一种，也指狭义的弦理论，是一种引进了超对称的弦论，其中指物质的基石为十维时空中的弦。

分类法 3

利用每天落在地面的太阳能	其他
光伏发电 水力发电 风力发电	核能发电 火力发电 地热发电 潮汐发电

潮汐发电是利用月球和太阳重力引起的潮汐进行发电的方法，从这层意义上来讲，这是一种非常独特的发电方式。但遗憾的是，全世界范围内能够进行潮汐发电的区域十分有限。

源自质量的能源都是实用性能源，也是目前的主流能源。火力、核能和光伏的发电方法相似，因为它们的能量都来自质量的损失。因质量减少而释放能量的不仅仅是核裂变反应，太阳发光的基础——核聚变反应——也是一种减少质量的反应。火力发电与核裂变反应或核聚变反应不同，但都是通过减少极少量的质量来产生能量的。火力发电中使用化石燃料燃烧产生的能量是基于化学反应释放出的能量，而核裂变反应和核聚变反应的原子核自身会引发反应，变成另一个原子。

水力发电利用重力引起的水流下落所产生的势能发电，但重新将水引到山上并使我们能够利用重力势能的是太阳能对水的蒸发作用。因此，这种能源的来源可以归类为太阳的核聚变能。风力是太阳能造成的空气对流产生的能量，所以这种能源的来源也算是太阳核聚变能。

地热主要由两个因素构成：一个是陨石在重力的作用下相互

吸引碰撞时产生的热量，在地球形成过程中被困在地球内部；另一个是铀和钍等放射性元素在地球内部被破坏时产生的热量。因此，我们可以将地热归类为重力和质量的混合型。顺便说一下，氡作为温泉的主要成分，是铀元素反复放射性衰变后的产物。

接下来我们尝试从另一个角度进行分类。首先将这些能源分为源自太阳能的能源和非太阳能能源。源自太阳能的能源包括光伏、水力、风力和火力，非太阳能能源包括核能、潮汐和地热。在这里我们可以看到，核能和光伏首次被分到了不同的类别中。与此同时，因二氧化碳排放量过多而令人厌恶的火力依然和光伏同属一个范畴。

化石燃料是火力发电的燃料，也是生物将太阳向远古地球发射的太阳能作为有机化合物摄入自身体内后，经过长年累月形成的化石。火力发电的工作原理是通过与氧气结合的化学反应，将过去保存下来的太阳能提取出来。因此，火力发电和光伏属于同一范畴，它们的基础都是太阳能。

最后，为了将火力和光伏划分至不同的范畴，我们可以考虑两者在时间轴上的差异，试着按照是否原封不动地利用每天落在地面的太阳能，将能源分为两类：直接利用太阳能的能源，即光伏、水力、风力；没有直接利用太阳能的能源，即核能、火力、潮汐、地热。这种分类方法最接近当今世界致力于实现可持续社会的分类，因为它将核能、火力与光伏、水力、风力划分在了不同的类别。

事实上，在涉及安全、高放射性废料处理和二氧化碳排放问题之前，核能和火力一直存在资源枯竭的问题。严格来说，太阳能也是由质量缺损而产生的能源，总会有枯竭的一天。不过，一般我们认为太阳的寿命大约是50亿年，人类可以想象的时间轴上似乎没有担心的必要。

太阳能属于谁？

我们一般认为，落在地球上的太阳能总量是人类目前利用能源的10 000多倍，因此，为了积极地利用太阳能，人类不断引进大量经过新技术改良的光伏电池板和风力涡轮机，这也将成为构建可持续发展的社会的一张王牌。

在未来，如果能够直接利用太阳能提供人类所需的大部分能源，就会掀起一场可以称之为第六次能源革命的大变革。这将是人类历史上第一次完全摆脱能源枯竭的问题，实现能源上的自立，即Energy Independence（能源独立）。假如我们能够实现第六次能源革命，那将是人类历史上最后一次能源革命。

然而，在实现这一看似理想且唯一绝对的目标，即向太阳能过渡的过程中，存在一个不容忽视的问题，那就是免费太阳能原本并不存在，又怎么会被人类垄断呢？

落在我们脚下的太阳能通过温暖地表，制造大气对流和水循环，为每个地区创造了独特的气候和地形，也为地球上的生物提供了生存的能量。

各个地区的太阳能对维持当地的自然环境有着某种意义。

如果我们在海上和海岸安装大量的风力涡轮机进行发电，那么多多少少会对当地的风向产生影响，风循环带来的降水和气温也会发生变化。另外，还会殃及空中的飞鸟。事实上，根据已知的情况，濒危物种中的海雕属鸟类白尾海雕最常见的死因之一是撞击风力发电设施（Bird Strike）[26]。另外，在不适合耕种的山坡上设置大量光伏电池板，不仅会影响森林生态系统，还会导致没有树木支撑土壤，加剧水土流失，增加坡面崩塌的风险。即使我们在沙漠中铺设电池板，也会对已经适应恶劣环境的物种产生一些影响。水力发电也是如此，建设大坝会破坏河流生态系统，随着水库泥沙的堆积，还会导致流向下游的泥沙减少，河口区沙洲的形成受阻，对地形的影响也不容小觑。

此外，太阳能发电的单位面积发电量较小，需要比火力和核能更大的土地和更多的材料。从对土地的占用和未来废弃物的增加这两个方面来看，这也会对当地环境产生不小的影响。物质与几经波折最终反射回宇宙的热能不同，最后仍会留在地球上。根据熵增定律，人类使用的材料迟早会变质，成为工业废物，因此太阳能发电所需的大量材料将成为一个重大问题。

此外，由于需要大量材料包括被称为稀有金属的稀有资源，因此产生了新的资源问题，即如何稳定地确保这些稀有资源的供应。

人类最初是通过农耕稳步地占有落在地上的太阳能的。目前，人类的耕地面积已经占到整个陆地面积的12.6%，再加上牧场的草地，全部陆地的40%左右都成了人类的食品生产用地。剩下的陆地中，森林约占30%，不适合生产食物的干旱地带和极寒地带约占30%[27]。

人类不断开垦，不断占有土地和太阳能，导致各地区固有的生态系统遭到破坏，生物多样性不断丧失。对东南亚热带雨林和巴西亚马孙雨林的开发仍在继续，森林资源持续减少，物种不断灭绝。随着人类生活圈的不断扩大，感染过去从未接触过的细菌和病毒的风险也在增加。例如，2020年暴发的新冠疫情给世界经济带来严重的打击，如果人类继续开发世界上的土地，那么遭受流行病侵袭的频率就会不断增加。

在这样的背景下，不断加大太阳能的转型力度，会比以往任何时候都更需要占有土地和太阳能，因此会使本来就受到严重影响的生态遭受更大的损害。

失去多样性的生态系统，对因恶劣气候造成的粮食歉收、大量害虫和瘟疫蔓延等问题的抵抗力将会减弱，人类作为生态系统的一员，终将遭受大自然的无情报复。这确实是一个令人烦恼的问题。

火力和核能在生态系统中的意义

在这一点上，火力和核能的情况与太阳能不同。太阳能是整个生态系统所依赖的能源，也是生物体激烈争夺的对象，而火力和核能是人类自主开发的能源，因此不会在自然界中制造多少竞争。工业革命以后，人类之所以能够享受到人口的爆炸式增长和文明的急速发展，正是因为开发了这样的人工能源。

为了支撑现代高度发达的文明和70多亿人口的巨大耗散结构，持续的巨大能源供应必不可少。仅依靠落在我们脚下的太阳能来完成如此巨大的能源供应，即使技术上能够实现，也会给人类以外的生物带来更大的压力，从而进一步破坏生态系统。

另外，在火力发电方面，燃烧产生的NO_x（氮氧化物）和SO_x（硫氧化物）等污染物质的处理一直是一个问题，近几年还出现了二氧化碳排放引起的气候变化问题。核能涉及安全性和处理高放射性废料的问题。

我们必须充分认识到，这个世界上原本就不存在完全不用担心环境负荷、可以随心所欲使用的完美能源。我们在面对维持和发展庞大的现代文明的能量时必须更加谦虚。

生活在地球上的生物在争夺太阳能的激烈竞争中，通过保持物种的多样性来保持整个生态系统的高度稳定。生态系统不喜欢寡头垄断，也绝不浪费太阳能。喜欢寡头垄断、不厌其烦地浪费能源，这是人类独有的特征。

人类在选择能源时,重要的是要保持平衡,不仅要考虑二氧化碳的排放问题和高放射性废料的处理问题,也要考虑如何维护生物的多样性。这个世界上不存在完美的能源。能源问题是一个复杂的问题,不能简单地寄希望于技术创新。

第三部分

探求心灵的旅行

人的心灵和能量

至此，我们从数量和知识两个方面探讨了能量与人类的关系。在第三部分中，我们将深入人的心灵，揭示人类关于能量的思维方式，尝试找到解开能源问题的钥匙。

为了深入人们的内心，首先我们必须分析人类经过长年累月建立起来的宗教。人类不仅把火当作工具使用，还从很久以前就将火看作一种神秘的存在。为什么人类会崇尚火呢？让我们从思考火所具有的宗教性质和对人类思维方式的影响开启探求心灵的旅程吧。

第一章
火的灵性

回答是白还是黑，遇到这样的难题，我们又迷茫了。

尽管迷茫，但在黑与白之间，有着无尽的色彩。

——孩子先生（Mr. Children）*GIFT*

火中蕴藏着的精神世界

火是我们生物的化身。正如笔者在第一章开头所述，点燃火焰就是将生物体的碳再次释放到空中，推动碳循环。鉴于火的这些特征，我们不难想象，火不仅具有烹饪的功效和在肉食性动物面前保护自己的实际价值，还强烈地诉说着拥有高度进化的大脑的人类的精神。

其中一种形式就是火焰崇拜，也就是将火焰上升到信仰的高度。

流传至今的火焰崇拜，以古印度婆罗门教的护摩和传播到佛教密宗的护摩最为有名，而这些崇拜的起源可以追溯到古代雅利安人的宗教礼仪。古代雅利安人生活在中亚的平原上，源起于今天的乌兹别克斯坦、土库曼斯坦和哈萨克斯坦一带，向南进入伊朗和印度，向西越过高加索到达中欧。

古代雅利安人将火视为神圣之物，在他们的思想中，火是将献给诸神的供品送上天的通道，为此，他们会在宗教和巫术的仪式中点燃火焰。火可以将供品送上天的观点，正确地捕捉了碳循环中循环流转的火的本质。雅利安人的观察力和洞察力真令人惊叹。

古代雅利安人在火中发现的事物不止于此，他们通过凝视火，磨砺寄宿在火中的灵性，最终达到了更高的高度。雅利安人以对火的信仰为基础，整理出一套逻辑体系，创造出了被称为"拜火教"的琐罗亚斯德教。

琐罗亚斯德教以主神阿胡拉·马兹达为中心，以光明和黑暗的二元对立展开了善恶二元论。另外，作为主神阿胡拉·马兹达的象征，光与发出光的火都是神圣之物。琐罗亚斯德教的出现，是人类史上的一件大事。

古代雅利安人通过观察火焰构建的精神世界，在人类历史上留下了坚实的足迹。

遗留在世界各地的拜火教的伟大足迹

我们一般认为，琐罗亚斯德教是在公元前12世纪到公元前

9世纪，由中亚平原的古代雅利安人查拉图斯特拉创建的。另外，琐罗亚斯德是教主查拉图斯特拉名字的希腊语音译。

琐罗亚斯德教随着雅利安人建立的波斯帝国的发展而成长，并在公元3世纪成为萨珊王朝的国教，迎来了全盛时期。之后，在642年爆发的尼哈旺德战役中，萨珊王朝被阿拉伯土地上兴起的伊斯兰教军队击溃，琐罗亚斯德教也迅速走向衰落。

顺便提一下，20世纪70年代到80年代在世界范围内拥有超高人气的皇后乐队的主唱佛莱迪·摩克瑞的父母，都是琐罗亚斯德教教徒，父亲的姓氏布勒萨拉来源于印度西北部古吉拉特邦的布勒萨拉[1]。萨珊王朝灭亡后，部分琐罗亚斯德教教徒逃离波斯，迁入印度的古吉拉特邦，佛莱迪的父亲就是这些人的后代。在这样的历史背景下，原本就属于少数族裔的印度裔英国人佛莱迪·摩克瑞，因受到父母琐罗亚斯德教教徒身份的影响，成了更加少数的存在。

如今，伊斯兰教席卷了波斯（现在的伊朗）和中亚一带，虽然琐罗亚斯德教给人一种沦落为小众土著宗教的感觉，但琐罗亚斯德教的灵性对此后出现的所有宗教都产生了巨大的影响。琐罗亚斯德教对一神教的代表——犹太教、基督教、伊斯兰教，以及印度教、佛教等著名宗教都产生了很大的影响。

光明与黑暗的对决、天堂与地狱、最后的审判、救世主思想，这些都是琐罗亚斯德教率先提出的概念。另外，琐罗亚斯德教奉行善恶二元论，而善的优势已然确定，因此这种理论成了之后在

第一章　火的灵性

西方兴起的犹太教、基督教、伊斯兰教等一神教的根源。

　　琐罗亚斯德教对东方的影响也很明显，当然也包括日本。例如，大乘佛教末世思想中出现的救世主弥勒菩萨的原型，似乎就是琐罗亚斯德教的密特拉神[2]。密特拉神是查拉图斯特拉出现前中亚地区信仰的太阳神，琐罗亚斯德教成立时将其吸收到了教义中。此外，Maitreya（弥勒）还保留了与 Mithra（密特拉）相通的相同音感，弥勒使用火的行为，如密教护摩行、彼岸送火等[3]，也更加直接地受到了琐罗亚斯德教的影响。[4]

　　说到琐罗亚斯德教，请大家不要认为这是遥远异国的小众宗教，因为其对犹太教、基督教、伊斯兰教的影响自不待言，对于生活在现代，自认为与宗教无缘的日本人也有着不小的影响。无论大洋东西，人类不断延续的能量之火在我们每个人的精神世界中熊熊燃烧。

琐罗亚斯德的幻想

　　琐罗亚斯德教对人类社会的影响不仅限于宗教，在欧洲人看来，琐罗亚斯德教是东方神秘形象的体现，英语中的 magic（魔术）一词就来自琐罗亚斯德教的神官（玛吉），因为琐罗亚斯德教使用火举行的仪式看起来像是巫术[5]。

　　时代来到 19 世纪后半叶，德国哲学家尼采曾写过一本名为《查拉图斯特拉如是说》(*Also sprach Zarathustra*)的书。

— 203 —

Zarathustra 是 ZaraθuStra 的德语读音，尼采以查拉图斯特拉的口吻讲述了他的思想。查拉图斯特拉是欧洲社会的伟人，他的存在拥有特殊的意义。尼采在阐述自己的主张时充分借用了这种形象和气场。

顺带一提，在电影《2001太空漫游》中，人类祖先第一次拿起动物骨头时那令人印象深刻的背景音乐，是由理查·施特劳斯创作的《查拉图斯特拉如是说》。施特劳斯受到尼采著作的感召，创作了这首交响诗。这部电影中象征性地使用了这首曲子，由此可见，库布里克或许也意识到了火在人类发展中的重要性。此外，在商业领域，效仿琐罗亚斯德教形象的例子也不少，因为很容易让人联想到火焰、光等明亮、强而有力的事物。例如，托马斯·爱迪生创立的通用电气公司销售的白炽灯被冠以 Mazda 的品牌名称，而 Mazda 取自阿胡拉·马兹达；诺贝尔兄弟公司开发的世界上第一艘在里海通航的油轮被命名为琐罗亚斯德号。

日本人比较熟悉的汽车制造商马自达公司的名称源自 Ahura Mazda。该公司的主页上写道："Mazda 是东西方文明和汽车文明之源，从追求世界和平，成为汽车产业曙光的观点出发，取了这个名称。"[6] 另外，"Mazda"的发音与马自达公司的创始人松田重次郎的姓同音，且英文的写法相同，由此可见其用心之良苦。

无论大洋东西，人们都在使用琐罗亚斯德来命名事物，由此可见，琐罗亚斯德教给全世界留下了积极的印象。

二元论与正义

虽然琐罗亚斯德教对人类社会产生了巨大的影响，至今仍是人们憧憬的对象，但是，我们能够从其教义中看出与现代社会的能源问题相关联的课题。这是琐罗亚斯德教在教义中采用二元论所产生的问题。在琐罗亚斯德教的教义中，光明与黑暗展开较量，整个世界都是善恶斗争的舞台，世界上每个人都有义务在善与恶之间做出选择，并参加这场斗争。如果我们遵循这些基于二元论的理论，就能建立这样一个社会：一方面鼓励人们做查拉图斯特拉认为正确的善行，另一方面严惩查拉图斯特拉认为是错误的恶行。

通常，善行都是能够顺利推进集体社会生活的基本规则，所以这些行为本身不会产生问题。但是，一旦二元论发展到将一切都分为善与恶，那么即使当事人认真思考，在旁人眼里也会变得非常奇怪。

例如，在琐罗亚斯德教中，狗是善的造物，青蛙是恶的造物。因此，信徒们必须在每个月的固定日子寻找并铲除青蛙[7]。

笔者之所以关注琐罗亚斯德教的二元论，是因为笔者担心这些过分的善恶标签会出现在当今有关能源问题的讨论中。其中最典型的事例就是一味地将二氧化碳当作穷凶极恶之物。的确，如果大气中的二氧化碳含量增加，温室效应也会随之加剧。但是，二氧化碳是碳循环的重要组成部分，也是支撑生物活动的根基。

就像日语中的"明辨善恶"一词，人类大脑的思考方式是崇尚二元论的。然而，自然界中许多复杂的事情交织在一起，形成了极其多元的秩序。近年来，以二元论作为评判标准，简化自然问题的风气让笔者觉得十分别扭。

笔者之所以会关注当今社会围绕能源问题的讨论，以及这类讨论与二元论的关系，还有另一个原因，那就是其与末世的关系。基于二元论的教义，无论如何都需要描绘这样一个场景：行善者获得奖励，最终行善的一方获得胜利。如此一来，很容易演变成这样的局面：将会有一场善恶斗争的最终决战，结果就是，相信教义、努力行善者将会得到救赎，去往天堂；反之则会被打入地狱。

这样的末世对于虔诚的人来说就是一种努力行善的力量，但是如果这种想法变得过激，就有可能使人陷入一心想要得到救赎，同时又期待末世来临的精神状态中。相反，对于不虔诚的人来说，街头巷尾都在议论的末世，会让人因对未来的悲观而变得无所顾忌，特别是在明确了末世来临时间的情况下。

释迦牟尼圆寂 2000 年后，进入平安时代后期的日本只剩下释迦牟尼的教诲，进入了无法修行和领悟的末法之世。事实上，这种担忧正在成为现实。院政的开始、武士的兴起、僧兵的出现等社会变化结合在一起，导致厌世观蔓延，社会乱成一团。虽然我们可以轻易地将末法时代的骚动嘲笑为过去的迷信，但在诺查丹玛斯的大预言盛行的 20 世纪末，日本仍出现了不少类似的风气。

在今天围绕能源问题的争论中,有时会出现如果不能将二氧化碳排放量控制在一定量以下,世界就会灭亡的论说。这种极端言论会让人联想到末世,有可能会损害人们对勤奋努力的认识。将事情简单化,过分煽动危机,可能会让我们距离解决问题的正确道路越来越远。

我们的社会是由不同背景、不同思想的人组成的多元、复杂的社会;而地球环境也是多元的、复杂的,并不是只依靠二元论就能概括的。在有关能源问题的讨论中,如果有人认为所有的事情都是非黑即白,那么这个人的主张值得我们怀疑。在面对有关自然的问题时,答案通常都在白色和黑色之间蔓延的无限色彩中。

第二章
能量与经济

成长能够掩盖一切矛盾。

——温斯顿·丘吉尔

解放心灵——现代科学与精神自由

查拉图斯特拉在中亚创立琐罗亚斯德教的时候,位于其西边的希腊正在孕育有关宙斯和普罗米修斯的希腊神话故事。在这个时代,世界的秩序是由诸神决定的,在神的面前,人类是无助的存在。无论是干旱、洪水,还是日食、月食等自然现象,都被认为是神的旨意。人们一直在努力探寻神的旨意,平息神的怒火。无论大洋东西,这个时代的统治阶层都表明自己具备与神沟通的能力,并以此证明自己的统治是正当的。因此,当时的天文学十分发达,星象占卜也很盛行。

将人类的心灵从神的魔咒中解放出来的,是兴起于希腊的哲学。希腊哲学从观察自然现象开始,试图用不依赖诸神的方式解释自然现象。例如，雷电不是宙斯的怒火，而是雨云中出现了空气裂隙，裂隙中汹涌的风暴让人们看到了光。于是，人们不再将一切都寄托于神灵，而是开始培养自己思考的能力。

帮助人们进一步提升自我思考能力的心灵大变革发生在17世纪，主导这一切的是近代哲学的鼻祖——法国的勒内·笛卡儿。笛卡儿与伽利略生活在同一时代，他从伽利略的成就中受到刺激，通过帮助人们建立各自的主观意识，让人们从当时的权力和权威中解脱出来，培养自己思考的能力。这一行为成了促进现代科学发展的原动力。为什么这么说呢？因为随着个人的精神自由从权力和权威中解放，人们不再因对普遍说法的怀疑或错误的主张而受到惩罚，自由的想法得以在土壤中生根、发芽。如此一来，人们的心灵得到了解放，不再受困于上帝、权威和权力。

隶属于资本

18世纪，人类社会经历了工业革命，摆脱了中世纪经济长期停滞的状态，产生的财富可以通过再投资产生更多的财富，在西方世界，人类进入了经济持续增长的新时代，资本主义时代即将到来。资本主义社会根据经济合理性对经济活动做出决策。所谓经济合理性，是指按照经济价值基准进行判断时，以利益为中心进行择优。一般来说，以营利为目的的企业在进行投资决策时，会根据经济合理性做出判断。

自17世纪以来，人类的心灵得到了解放，每个人都拥有了自由，但结果却失去了巩固自己立场的立足点，受到笼罩整个社会的潜规则的强烈影响。现在，制定这种规则的是资本主义。生活在现代社会的我们无论是否喜欢，都只能生活在这样的社会之中。我们想要在这样的社会中获得稳定的生活，就必须遵循资本主义的准则，这对我们的思想和决策产生了巨大的影响。这也意味着，我们都要被经济增长至上的资本这一新"神"奴役。

能源问题与经济学的相容性

在现代社会中不断蔓延的能源问题是人类经济活动的产物，而现代社会中人类的经济活动的基本构架，是由追求经济合理性的资本主义塑造的。

因此，为了解决能源问题，我们可以从经济学的角度出发，试着分析人类的经济活动。

然而，能源问题通常与解释经济活动的经济学格格不入。这不仅仅是因为能源问题与气候变化所代表的环境问题密切相关，还因为想要从经济学的角度正确分析能源问题，本身就很不容易。

现代社会经济活动中的决策大都基于经济合理性。这在开展经济活动中是理所当然的。但要正确运用这一机制，有一个重要的前提条件，那就是做出决策的前提信息是充分且正确的。但是，正如我们将要看到的围绕能源的讨论，准确把握这一点相当困难。

也正因为如此,能源问题才与经济学格格不入。

瓦特的又一大发明

在很长一段时间里,衡量能源经济价值的方法是考察人口和马、牛等耕畜的数量。

在人类历史上,人们能够自由使用的能源大致局限于人所拥有的奴隶,以及帮助耕作的马、牛等牲畜。奴隶、马、牛的价值是由每个个体的体态,以及能够承受的工作量确定的。由于个体的差异并不大,轻而易举就能计算出其价值。

工业革命以后,人类第一次为衡量能源的经济价值而犯难。在这个时代,随着蒸汽机的不断改进,人们可以有效地提取能量。但想要衡量引进蒸汽机的投资效益并不容易,因为当时还没有衡量蒸汽机能力的方法。就在这时,有人提出了一个开创性的想法,这个人就是詹姆斯·瓦特。

瓦特不仅发明了有实用价值的蒸汽机,还设计了衡量蒸汽机工作能力的单位——"马力",即以标准装卸马在单位时间内完成的工作量为标准的单位。瓦特设计"马力"这个单位,是因为他发明的蒸汽机取代了马所从事的工作。瓦特因发明了高功率实用型蒸汽机而发家致富,他成功的原因之一就是同时设计了"马力"这一衡量工作能力的单位。如此一来,蒸汽机的工作量变得"可视化",人们也能够计算出蒸汽机相对于养马的投资效益了。

值得一提的是，目前，"瓦特"这个单位被定义为国际单位制（SI）的正式单位，作为衡量与"马力"一样的单位时间内能量输出的单位。当然，这是为了致敬詹姆斯·瓦特而命名的。詹姆斯·瓦特是如此伟大，他在能源历史上留下了坚实的足迹。

外部不经济与内部化——仓廪实而知礼节

在瓦特大显身手的时代，以蒸汽机为代表的动力机械的投资决策仅仅取决于机械能量输出的成本效益，而机械运行所产生的煤、烟等污染问题则不在经济合理性的计算范围内。结果就是，开动机器的工厂老板获得了足够的利润，周围的空气受到了污染，公害日益严重。这种状况在经济学的术语中叫作"外部不经济"。

鉴于外部不经济带来的公害日益严重的问题，不久后人类社会就着手应对。人们通过法律规定了安装煤烟净化装置的义务，将公害对策所需的费用纳入经济合理性的计算中。这在经济学术语里叫作"内部化"。

这是非常合理且正确的行为，可以说是人类为了让社会变得更加美好而制定的有效方案之一。但是，需要注意的是，实现内部化需要一定的条件。想要实现内部化，不仅要开发出能够应对污染的技术，而且要保证将引进该技术所需的费用内部化后，整体投资仍能保持经济合理性。这一事实说明，可预期的投资回报要很大，即创造财富的经济规模必须足够大。对于那些竭尽全力维持日常生活的个人和社会来说，将费用转移到环境对策上的激励措施很难发挥作用，但如果个人和社会获得了足够的收入并实现了剩余，就有了将费用转移到环境投资上的余地，简而言之就是"仓廪实而知礼节"。

这种现象在经济学界被称为"环境库兹涅茨曲线"。横轴表示经济发展程度，纵轴表示环境影响程度，在人均收入达到一定水平之前，环境影响加重；但在达到一定水平之后，环境影响逐渐改善，从而形成倒 U 形的曲线（图 8）[8]。

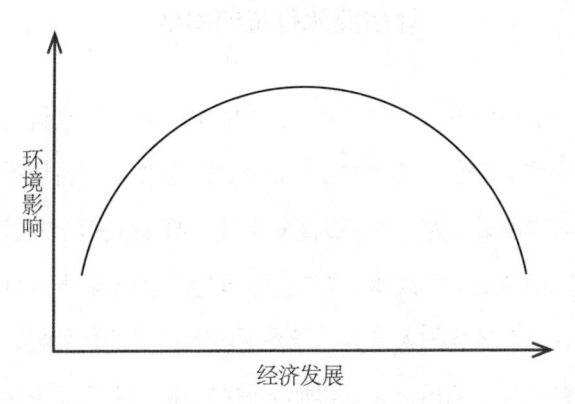

图 8　环境库兹涅茨曲线

环境库兹涅茨曲线告诉我们，经济增长对环境而言未必是坏事。工业革命以后，人类通过加速增加能源消耗来实现经济增长，建立了一个拥有巨大耗散结构的现代文明。虽然导致了各种各样的环境问题，但是随着经济规模的扩大，以发达国家为中心，促进了改善环境的技术的发展，这也是不争的事实。

与此同时，动力机械运转与产生煤烟等公害问题的因果关系已大致明了，波及的范围和时间也相对有限。也就是说，大多都适合内部化，容易计算出对策的成本效益。

反观现在的能源问题，情况则令人担忧。对于超长期高放射性废料的储存和二氧化碳的排放等这些远超人类寿命期限问题的争论，以及扩大到全球规模的环境问题，我们是否能够适当地评估其影响，并将其纳入经济合理性计算中呢？

评估能源投资的困难

关于能源的投资，包括对环境的影响在内，必须恰当地评估和判断经济合理性，其困难之处从围绕核能发电的讨论中可见一斑。核能推进派认为，为了提高安全性，即使设施建设费用巨大，也可以因低廉的运行成本而获益。他们认为原子能发电具有经济合理性。反对核能的人认为，推进派没有适当地计算超长期高放射性废料的处置费用，如果再加上这些费用，那么无论如何都无法预测营利性，因此不具备经济合理性。由于一旦发生重大事故，预计的损失将会非常大，因此持强烈反对意见的人认为，既然无论发生概率多小，都会产生巨额损失，那么在任何情况下，核能发电都不具有经济合理性。

总之，尽管经济活动的投资影响相对容易计算，但想要适当评估对环境的影响总是会面临很大的困难。

关于核能发电的讨论并未到此结束，而是变得越来越复杂，且总是需要与其他能源进行比较。由于我们只需要合适的能源来发电，因此，只要根据经济合理性选择最合适的电源即可。

可以用来发电的能源种类繁多，从煤、石油和天然气等化石燃料，到水力、太阳能和风能等可再生能源。这些能源的成本和对环境的影响各不相同，因此很难准确和公平地进行比较。

例如，为了应对气候变化问题，我们可以将二氧化碳排放量的多寡纳入对各种电力能源进行投资时关于经济合理性的计算中。但仅仅是这样就正确考虑了对环境的影响吗？从碳排放的角度来看，煤炭与太阳能相比处于不利地位，但如果我们站在煤炭的立场，可能就会发起反驳，认为我们应该综合评估光伏电池板占用大量土地对生态系统的影响、生产大量光伏电池板所需的材料数量、在生产和安装过程中产生的碳排放，以及未来废弃电池板对环境的影响，等等。

在围绕能源的讨论中，对于将对环境的影响内部化到什么程度才算公平，以及内部化的费用应该如何估算等问题并不容易达成共识，因此经常会引发争论。

此外，随着经济规模的全球化，为了使对环境的影响内部化，将法律治理的主体划分为以国家为中心的行政主体的方案，现在成了比环境这一全球性问题更加难以解决的问题。

只要全世界不制定共同的规则并遵守，就无法解决这些问题。

最近，为了解决这类问题，拥有足够经济规模、能够将环保成本内部化的欧盟（EU）和美国，正在研究并出台一项名为"碳边境税"的制度。碳边境税旨在通过征收关税来调整因二氧化碳排放的地域差异而产生的生产成本差异。碳边境税的构想巧妙地利用了全球化经济结构，出台后有望取得一定成果。与此同时，根据关税的制定条件，还可以对国内产业外迁形成震慑作用。因此该制度既容易与本国的产业保护政策相结合，也容易陷入偏离主旨的政治性讨论。

这样想来，如果不成立世界政府，人类的未来似乎就没有梦想和希望。但这样的社会，到底有没有可能实现？还是说，我们只能像断了线的风筝一样，任凭资本主义的浪潮席卷而来？

在深入人心的心灵探究之旅的最后一章，笔者将从仔细观察社会运作机制的社会学的视点出发，寻找现代社会的主宰者，思考未来社会应有的状态。

第三章

能量与社会

时间就是金钱。

——本杰明·富兰克林

资本之神的特征

无论是否喜欢，我们都生活在这样的社会之中。在西方世界中，资本作为上帝主宰着一切。资本之神所传达的教诲只有一个，那就是"经济增长拯救一切"。法然在末法之世开创净土宗，虽然对现世感到不安，但他认为只要一心念佛，来世必得救。相较之下，现代资本之神却大胆地向世人许诺今世的繁荣，且不带来一丝的不安。资本之神对我们的要求只有一个，那就是相信经济会继续增长，这样就能在今世得到功德。

资本之神本来就不相信来世的存在，不仅不相信来世，也不会回顾过去，因为我们过去所耗费的金钱、精力和时间都是沉没成本（Sunk Cost）。资本之神相信的只有现在，还有前方那一定会成长的未来。

资本之神所带来的"持续增长的经济"成为理所当然,是在工业革命以后的事情,实际上只有200多年的历史。在此之前,没有人会觉得经济能够持续增长,因为中世纪的经济长期处于停滞状态。中世纪社会有最大价值的就是土地,想要让经济增长,就要开垦新的土地。实现这一目标需要有足够的人口,但当时的人口增长缓慢,甚至还会因瘟疫和大规模饥荒而减少。直到中世纪,人类还没有完全摆脱自然界的桎梏。在世界各地,中世纪之前成立的宗教大多是因为亲身感受到了自然界的桎梏,所以才试图在来世的希望与今世的艰辛之间寻求平衡。

工业革命时代新降临的资本之神,对人类来说是一个全新的存在,因为人类不会屈服于自然。在过去,饥荒的发生、瘟疫的蔓延令人类饱受折磨,而资本的力量将这些问题逐一解决,在今世创造了一个极乐世界。

资本之神还有一个中世纪以前的众神没有的特征,那就是经济持续增长,经济规模越大,其所拥有的力量就越强。就像角色扮演游戏的主人公一样,资本之神通过积累经验和锻炼,不断强化自身的能力。环境库兹涅茨曲线就是一个很好的例子,随着经济规模的扩大,人类逐渐能够负担环境成本。

资本之神首先降临在工业革命时期的英国,然后又来到了美国。因为这两国的社会不仅积累了一定的财富,使新的投资成为可能,还建立了包括专利制度在内的私有财产制度,以及能够回收用于发明和开发新设备的前期投资的机制。事实上，如果没有有效的专利制度，就不会有人为机械工程师詹姆斯·瓦特提供研发资金，蒸汽机也不会问世。

工业革命后，人类逐渐可以自由使用能源，首先是发展工业，其次是服务业，经济活动逐渐削弱了与土地的联系。人类通过降低农业在经济活动中的重要性，将自然界的影响降至最低，创造了有利于经济持续增长的环境。随着能源的大量消耗成为可能，经济持续增长，资本之神充分发挥了天生的学习能力，并进一步强化自身能力，得到了社会的广泛认可。

这样看来，资本之神就像一种怪物，一种能量的化身，通过贪婪地吸收能量而不断成长。资本之神是为了吸收和整合能量而出现的怪物。不知道你有没有注意到，简而言之，资本之神就是耗散结构本身。

当我们意识到资本之神就是耗散结构时，我们就能发现看似强大的资本之神也有弱点。经济增长放缓，能源供应减少，结构就无法维持，很快就会崩溃。因此，资本之神会不断要求我们相信经济能够持续增长，从而让投资不断循环。

对赚钱的肯定——禁欲主义推动资本主义发展

资本之神告诉我们"要相信经济增长"，同时规定了为获得功德而必须遵守的新戒律，那就是"应该努力赚钱"。这也是中世纪之前的人类社会中所没有的戒律。

在中世纪之前的社会中，商业处于发展阶段，经济活动的中心始终是与土地紧密相连的农业。

由于土地是最有价值的，因此拥有土地的贵族是最伟大的，商人们的地位一般比贵族低一级。而且，全社会都有这样一种感觉：努力赚钱是一件耻辱的事情。

让这一趋势发生改变的，是从反对天主教会开始的16世纪宗教改革运动中诞生的新教。在新教当中，特别是推行禁欲主义的加尔文教和清教，他们将禁欲的生活推向世俗，最终为建立符合资本主义社会的社会规范做出了贡献。

加尔文教劝告世人不要浪费，要以勤奋为德，并对因此得到的财富增长给予了积极的肯定。他们宣称财富是为社会做出贡献的回报，是践行爱人如己的结果。他们主张在最后的审判面前，被拯救的人是预先决定好的。对他们来说，推行禁欲主义，一心投入劳动，创造更多的财富，就是被神赋予了价值，也就能在最后的审判中获得拯救。因此，他们更加奉行禁欲主义，努力赚钱。

这些拥有新的信仰，即过着以勤劳节约为中心的生活，并将终身收入最大化视为道德义务的人的出现，成了尚未具备称神能力的资本之神成长的原动力。

另外，随着社会财富的积累而不断成长的资本之神，不久后就会接管他们的信仰体系，展现出自己的神威。

宣扬禁欲主义的新教徒为追求财富的资本主义的发展做出了贡献。20世纪初，来自德国的社会学家马克斯·韦伯在他的名著《新教伦理与资本主义精神》中对这一反论做了详细的分析，这使得他声名大噪[9]。他在该书中阐明了这样一个事实：禁欲主义教导人们追求财富，随着近代化的发展，其宗教色彩逐渐淡化，最终人们对财富的追求实现了自我目的化。于是，韦伯开始担心本末倒置、失去了支柱的资本主义社会的走向问题。

劳动精神与时间观念

推崇禁欲主义的新教的伦理感，对以工业革命为开端的人类社会的工业化也起到了极其重要的作用，因为它保证了工厂工人在机器运转时辛勤工作，从根本上改变了人类对时间的感知。

在农耕社会中，人类的时间概念是以季节的变化为中心形成的。在农耕生活中，重要的是了解以播种、收获和汛期为代表的一年的周期。相对而言，对于一天中的时间，只需要有粗略的概念就足够了。

但从工业革命开始，细分人们生活中每一天的时间变得越来越重要，因为在工厂工作的劳动者增加了，精细的时间管理需求迅速提高。首先，工厂的工人们必须准时到工厂上班，充当机器运转的齿轮。工人不到齐，机器就无法运转，就会产生经济上的损失，因此工厂经营者必须严格管控工厂工人的时间。其次，与手工业时代不同，手工业时代每个工匠的能力对产品价值都有巨大的影响，而机器大批量生产出的产品无法体现出每个工人的技术差异。因此，支付给工厂工人的工资以工作时间为基准，而不是以工作内容为基准。就这样，人们每天的生活逐渐被正确的时间所束缚。

以英国、美国为首，工业革命带来的社会工业化在德国、法国等非天主教圈先行推进。推崇禁欲主义，奉行勤劳工作的新教徒虔诚且勤劳，他们允许"时间"的概念深入人类社会。

资本主义社会

禁欲主义以勤俭节约为核心，认为终身收入最大化是一项道德义务。这种极其严肃的禁欲思想，最终促进了资本之神这一消耗大量能源的耗散结构的成长，导致"时间"对人的奴役更加严重。资本主义社会就是在这样的基础上建立的。

在这个受时间严格管理的世界里，竞争愈发激烈，因为我们平时必须努力降低成本，珍惜每一寸光阴，比别人更加努力地工作。既然社会规则如此，我们就不能轻易掉队。在最坏的情况下，失败者将无法获得收入，最终被淘汰出局。就这样，人们不可避免地消耗大量能量，不断推动社会发展的进程。

当我们阅读了德国儿童文学作家米歇尔·恩德的作品《毛毛》后，我们就可以看到时间深入生活各个角落后的社会所具有的窒息感[10]。恩德在《毛毛》中描绘了一群从人们那里窃取时间的神秘的灰色男子，并通过这个故事详细说明了现代社会是如何被时间过度奴役的。恩德留下了许多超越儿童文学范畴的具有信息性的作品，他很早就意识到了时间的危险性。

那么，我们如何才能从时间中解脱呢？例如，试着大胆地偷懒？

确实，如果大家都变得懒惰，社会的时间就会变慢，能量的消耗也一定会减少。但是，在自由的世界里，让每个人都变得一样懒并不现实。资本主义发达的现代社会，与存在贵族阶级，以土地为中心的中世纪之前的社会不同，所谓的稳定地位是没有任何保障的。如果你懒惰，就会被勤奋工作的人取代。这种高流动性也是现代社会的一大特征。

我们生活的现代社会通过承诺整个社会的持续发展来维持平衡，避免高流动性带来的"地位不稳"陷入单纯的抢椅子游戏一样的困局。结果就是，经济的持续增长成为社会安定的重要因素，在这样的社会中，每个人都鞭策自己努力工作。

更加坦率地思考地球环境问题

有一种观点叫作"人类癌细胞说"，这一观点将人类比作在母体中爆发式生长，最后与母体一起死亡的癌细胞。我们人类正在加速消耗地球上的资源，严重破坏自己的生存环境，这的确与癌细胞有相似之处。

现代资本主义社会的结构推动了这种观点,因为现代资本主义社会的结构只能通过永恒的经济增长来获得现在的稳定。

但是,笔者不赞同人类癌细胞说。笔者认为我们在两个方面错误地理解了人类。

第一,人类癌细胞说中隐约可见人类的骄傲,也可以称之为傲慢,那就是我们如何看待地球这个母体。癌细胞在侵蚀母体的同时不断加速生长,但最终会受到惩罚,即母体死亡时,癌细胞也会灭亡。

反观人类,在侵蚀母体——地球环境——的同时不断加速成长,这一点与癌细胞无异,但最终灭亡的是人类,而不是地球,这一点有决定性的差异。从地球的角度来看,人类是否存在都无关紧要。假设地球有自己的想法,也会为自己而担忧,那么地球就会担心自己是否总有一天被不断膨胀的太阳所吞噬;即使没有被太阳吞噬,也会为不久之后仙女座星系和银河系发生碰撞时,自己是否能够毫发无损,平安度过而担忧。

认为地球会与人类同时灭亡的人真是痴心妄想。即使人类灭亡,地球也将继续存在。届时,地球上将会出现适应新环境、繁荣发展的新生物。

事实上,即使世界上没有人类,蟑螂也将继续存在。

毕竟,保护地球环境的运动就是保护以人类为首的现代生物赖以生存的现代环境的运动。这是一项试图通过保护环境来保护人类生存所需要的生物多样性,开创人类未来的运动。并不是说地球很危险，或者北极熊很可怜，所有的一切都来自"我们自己的可悲"。我们应该坦率地认识这一点，这样才能更加全面、更加容易地面对问题。如果我们不解决自己种下的苦果，最终就只能自取灭亡。因果报应，天理循环，仅此而已。

人类癌细胞说从消极的角度向我们展示了因果报应的关系，这一点非常准确。但笔者觉得这一观点给人的印象是，人类似乎肩负着地球与所有其他物种的未来。从根本上来讲，考虑到其他物种，人类从地球上消失是最好的解决办法，这是不言而喻的。在思考与能源问题相关的一系列地球环境问题时，我们应该更加坦诚地对待自己。

如何发挥人类的"远见能力"？

地球升起（Earthrise，图片来源：NASA/Bill Anders）

笔者反对人类癌细胞说的第二个原因更加积极。我们人类有一种与癌细胞截然不同的特质，而人类癌细胞说忽视了这种特质。首先，人类与对母体一无所知的癌细胞不同，我们知道母体——地球的不可替代性。

这里有一张1968年实现首次载人绕月球飞行的阿波罗8号飞船在执行任务的过程中拍摄的照片。这张照片被命名为Earthrise（地球升起），是人类历史上影响最大的环境照片之一。通过这张照片，我们可以从视觉上直观地理解，一直以来被认为无限广阔的地球就像是漂浮在浩瀚宇宙中的小岛。这张照片让人类清楚地理解了地球的不可替代性。

另外，我们与只知道吃光母体的癌细胞不同，我们拥有无与伦比的优秀头脑，并运用头脑的力量创造了"时间"。我们能够运用过去的经验和知识俯瞰未来，并有计划地行动，而不是在时间的洪流中漫无目的地生活。

据加拿大生物学家大卫·铃木[①]所说，正是这种"远见能力"将人类推向了生物界的主导地位[11]。尽管目前还很难说已经找到了解决方案，但人类社会对以气候变化为代表的环境问题已经有了广泛的共识。乍一看当前问题重重，漏洞百出，但反过来说，这恰恰证明了人类的"远见能力"之高。

人类通过认识并解决问题来向前发展。只要人类具备这一能

[①] 译者注：铃木孝义，加拿大日裔遗传学家，法学、哲学博士。

力，我们就不必对未来过度悲观。相反，没什么问题的世界对人类来说可能会更危险，因为那样的世界里或许只有一味增殖的癌细胞。

人类癌细胞说可谓忽视了人类罕见的才能，过于悲观的说法。我们应该对自己更有信心。

那么，我们承认了当今社会存在的能源问题，应该如何发挥自身的"远见能力"呢？

能量与人类关系的三次旅行——"追求数量的旅行""寻求知识的旅行""探求心灵的旅行"，让我们基于从中得到的感悟，共同来思考我们应该如何面对未来吧。

第四部分

旅行的目的地
Energeia 的复活

正如笔者在寻求知识的旅行中所揭示的那样，我们生活的世界是热力学第一定律和第二定律所支配的世界。我们通过不断积累科学知识，了解到因为第一定律和第二定律的存在，即使是凭借人类优秀的头脑创造的技术，也不能无中生有，凭空创造出能量，更不能防止质量散失。

从第一次能源革命中获得火力以来，人类优秀的头脑就意识到了能量的功效，并一味地执着于增加自己可以使用的能量。在中世纪，为了寻找源源不断的能量源，人们梦想着创造永动机。当第二定律的创立彻底摧毁了这一梦想后，人类通过大量使用化石燃料和核能，创造出看似不受能源困扰的伪永动机，从而开启了能源大消费时代。为了勉强启动这些伪永动机，世界各地尽管忧心于安全隐患和高放射性废物的最终处理问题，但还是不断地发展核能。石油和天然气的开发如今发展到 1500 米以下的深海，在海底向下钻探 3000 多米的钻井平台也已经不再稀奇。人类一边拼命地抵抗热力学第二定律，一边扩大能源利用，创造出了空前的繁荣。

但是，热力学第二定律似乎阻挡在渴望永远繁荣的人类面前，而这对我们来说并不一定是坏事。我们通过优秀的大脑，察觉到第二定律带来的时间流逝，也意识到未来就在我们眼前，可以根据自己的意志改变未来。这不正是自然界通过热力学第二定律向人类传递的重要信息吗？

如今，人类社会的发展正处于十字路口，人类的活动正在逐渐接近甚至超过地球的承载能力,如果真到了这个地步就会出现失衡。爱因斯坦创造了简单而美丽的能量公式 $E=mc^2$,他曾经说过:"任何问题都不能在产生问题本身的层次上被解决。"

气候变化、资源枯竭等与能源相关的问题,随着人类对热力学第二定律的抵抗而加剧。如果人类继续反抗,那么问题似乎会变得无法解决。人类只会被逼向绝路。

我们需要探索新的道路。未来可以靠自己的意志力去改变,我们必须从中找到希望,与第二定律共存。

第一章
需要解决的问题

> 我不是一个乐观主义者，因为我不相信一切都会好起来。话虽如此，但我也不认为一切都会不顺利，所以我也不是悲观主义者。我只是满怀希望，没有希望就没有进步。希望和生活本身同样重要。
>
> ——瓦茨拉夫·哈维尔（捷克共和国首任总统）

能源问题中最重要的课题

笔者认为，在因人类使用能源而引发的各种问题中，我们现在必须带着强烈的问题意识去解决的是人为引起的气候变化。这一问题如实地反映出人类一直以来按照大脑的欲望，一味地扩大能源消耗量的做法已经行不通了。

在人为引起的气候变化问题显现之前的社会中，与能源有关的最大问题可以说是能源资源迟早会枯竭。不，更加确切地说，能源资源枯竭自美索不达米亚地区古老的文明兴起直到今天，一直都是人类面临的最大问题。工业革命以前的文明是通过消耗森林资源建立的；工业革命以后，人类通过大量消耗化石燃料和铀矿石建立起了支撑巨大文明的结构。我们生活在热力学第二定律支配的世界中，这些低熵的能源资源迟早会枯竭。

古代文明通过移动城市中心来解决附近森林资源被消耗的问题，而现代文明已经发展到世界的各个角落，以全球经济的名义将全世界紧密联系在一起，形成一体化经济，所以无处可退。因此，一旦推动文明前进的能源资源枯竭，全世界就会同时陷入停滞状态。这种危机的影响之大，与同样能够广泛影响全世界的人为导致的气候变化问题相差无几。

能源资源枯竭问题和人为导致的气候变化问题，最大的不同点是留给人类的时间不同。20世纪后半期，人类首次认识到人为导致的气候变化问题，进入21世纪后，其紧急程度加速提高，现在已经超越了贯穿文明社会始终的传统资源枯竭的问题。这太令人震惊了。

为了具体想象这一事实，我们在这里做一个粗略计算。试着估算一下，如果将目前已探明的化石燃料全部燃烧，大气中的二氧化碳浓度会上升多少。按照2018年年底的储产比来算，原油和天然气约为50年，煤炭约为130年，因此目前已探明的储量将在2100年前后全部用完[1]。根据笔者的初步估计，在此期间，大气中的二氧化碳浓度将增加300ppm以上（表3）。排放到大气中的二氧化碳的40%预计将被海洋和生态系统吸收。现在，大气中的二氧化碳浓度已经超过了400ppm，两者相加后得出，2100年前后大气中的二氧化碳浓度将超过700ppm。

表3 全部已探明储量燃烧后大气中二氧化碳浓度预计上升幅度概算

	2018年年底探明储量（10亿石油折合为吨）	二氧化碳排放系数（二氧化碳吨/石油折合吨）	二氧化碳排放量（10亿二氧化碳吨）	大气中二氧化碳浓度上升幅度（ppm）
石油	244	0.837	204	58
天然气	177	0.641	113	32
煤炭	738	1.122	828	234
合计	1 159		1 145	324

注：作者根据2019 BP统计的探明储量数据粗略估算（单位为直译）。

根据2015年通过并于次年生效的《巴黎协定》，人类的目标是将全球平均气温升幅较工业化前的水平控制在2℃以内（为把升温控制在1.5℃以内而努力）。据估算，想要实现这一目标，就要将大气中的二氧化碳浓度控制在450 ppm左右。基于这一前提，就连人类目前所拥有的化石燃料，也必须在制定对策的情况下才能继续使用。其中，二氧化碳的排放系数很高，探明储量较多的煤炭很难全部用完。

化石燃料资源何时枯竭？

这是一个令人不可思议的话题，在过去的几十年里，石油的储产比一直维持在40年左右，现在稍微延长至50年。随着时间的推移，储产比一直没有减少，这是因为储产比是基于经济合理性计算出的数值。对于石油公司来说，已经探明的储量就是库存。保持合理的库存水平是企业管理的基本原则，库存水平过高，维护和管理的费用会对营收构成压力；而库存水平过低，就会因缺货而错过机会。因此，保持合理的库存水平是所有行业的企业管理的一项基本原则。石油行业的合理库存水平是40~50年。

如果今后石油仍是人类的必要能源，那么在技术难度高、费用花销大的深海海域，以及道路不通的未开发地区积极地进行探矿活动，未来的探明储量就能继续得到补充。天然气和煤炭也是如此。我们很难估算，也无法确定剩余的储量是多少，但根据耶鲁大学的罗伯特·布尔纳教授于2004年发表的估算数据来看，地下现存（理论上存在）的可供人类利用的化石燃料的碳含量为3.5万亿吨[2]。假设世界人口达到100亿，且人均碳排放量（约为2.5吨／年）与现在的日本人相同，那么这些化石燃料可供人类使用140年[3]。

虽然地下储藏了如此多的化石燃料，但化石燃料是低熵的有限资源，总会有枯竭的一天。严格来讲，石油和天然气是硅藻和浮游生物等有机物在地下的热量和压力的作用下，经过长年累月熟化而成的物质。此外，还有少量在高温的地球深处无机生成的物质。无论怎样，储量都十分有限[4]。事实上，长期以来一直在推进石油和天然气开发的地区，其产量正在不断减少，资源枯竭的倒计时已经开始。

就连掀起页岩革命，时隔近半个世纪，于 2018 年重回原油产量排名世界第一的美国也不例外[5]。页岩革命是指通过水平井钻探和水压致裂等技术革新，使过去无法开发的页岩层的原油、天然气具有经济合理性，但已经枯竭的现有油气田并不会因此而恢复。换句话说，页岩革命本身就是美国资源枯竭加剧的有力佐证。

低熵的能源资源是有限的，所以我们在面对资源枯竭的问题时不能掉以轻心。这件事确实值得一再强调。然而，我们在人类历史上第一次能源危机来临之前，迎来了威胁整个人类社会稳定的新的危机。仅仅考虑这一点，就能知道人为导致的气候变化问题是如何成为人类未来的重要问题的。气候变化问题要求我们进行历史上前所未有的根本性的意识改革。

所有文明都诞生于冰河时期

地球气候开始于原始地球的灼热环境，并在漫长的历史中反复变化。到目前为止，地球至少经历过五次冰河时期，其中有两次极其严寒，甚至一度造成了被称为"冰雪地球"的全球冰冻[6]。

在担心地球温暖化的同时，可能会令人感到意外，但我们现在正处于冰河时期。根据学术上的定义，地球上存在与大陆大小相仿的冰盖的时期被称为冰河时期，而南极大陆和格陵兰岛被冰盖覆盖，因此现在被划分为冰河时期。

延续至今的最新冰河时期大约开始于 258 万年前。据推测，

第四部分 旅行的目的地

人类祖先取得火，即第一次能源革命，发生在 100 万年至 150 万年前，现代人类——智人——大约在 40 万年前出现在地球上，因此，我们建立的所有文明都是在冰河时期积累起来的。

虽然统称为冰河时期，但我们知道，极其寒冷的冰期和较为缓和的冰期曾多次反复交替。维尔姆冰期大约开始于 7 万年前，冰期最盛时的海平面下降了约 120 米，白令海峡变成了连接欧亚大陆和美洲大陆的陆桥。一般我们认为，人类经受住了这段极寒期，并在气候变暖的 13 000 年前从欧亚大陆踏上了美洲大陆[7]。

维尔姆冰期大约在 1 万年前结束，正值第二次能源革命爆发，人类开始向农耕生活过渡的时期。

这绝不是巧合。冰期结束，气候变暖，这样的环境能够为人类带来持续稳定的收获。在大约 6000 年前，海平面上升到了几乎等于或略高于现在的高度，在这个过程中，河流带来的泥沙堆积在一起，逐渐在各地形成了肥沃的冲积平原。此后，地球上一直保持着相对稳定的气候，直到现在。

世界上古老的美索不达米亚文明大约于公元前 3500 年在底格里斯河和幼发拉底河形成的冲积平原上兴起，也就是说在大约 5500 年前，人类构建的文明社会全部进入了气候稳定的时期。

文明社会的发展离不开两种形式的太阳能，即稳定的农耕收获和丰富的森林资源，因此毫无疑问，在适合大规模农耕的冲积平原足够广阔的条件下，持续了 6000 年的稳定的气候环境是我们今天繁荣的基础。自第三次能源革命——工业革命——以来，我们先后经历了第四次和第五次能源革命，即对电力的利用和发明人工肥料，这200多年间连续发生的一系列能源革命为我们带来了空前的繁荣，然而，我们却正在以迅猛的势头打破大自然为我们带来的绝妙平衡。

土地的局限性——气候变化问题的本质

回顾地球漫长的历史，我们会发现，气候环境的变化是理所当然的，想要尝试人为地控制气候是极具野心的想法。无论是在白令海峡变成陆桥的维尔姆冰期，还是在气候比现在温暖，海平面比现在高出2~3米的绳文时代前期，人类都毫无问题地存活了下来[8]。考虑到这些事实，人类似乎不会因为今天令人担心的人为导致的气候变化问题而遭受毁灭性的打击。

根据联合国政府间气候变化专门委员会（IPCC）于2014年发布的《第五次评估报告综合报告》，2081年至2100年的20年间，全球平均气温将比现在上升2.6~4.8℃，海平面将上升0.45~0.82米[9]。也就是说，在最坏的情况下，预计21世纪末，日本地区的海平面高度仍低于绳文时代的海平面高度。

与绳文时代的人类相比，生活在现代的我们拥有远超过去的先进科技，这种程度的海平面上升或许会让人觉得不值得斤斤计较。

我们保留了先进的科学技术，讴歌了空前的繁荣，但作为交换，我们失去了生活在绳文时代的人类所拥有的极其重要的东西，那就是可以自由活动的土地。

工业革命以来，全球人口加速增长，人类对土地的利用已经遍及世界各个角落，陆地上几乎已经没有人类未涉足的地方了。在绳文时代，海平面上升后，人类只需稍稍移动就能找到新的居所，但现在已经很难找到新的土地了。有用的土地已经被人占用，人类没有可以轻易迁徙的土地了。近年来，世界各地因接收难民而引发的纠纷不断增加，因为我们已经没有足够的土地来容纳新的人口了。

随着气候变化的加速，受海平面上升和降水量减少等因素的影响，很多人不得不放弃曾经生活过的土地，成为难民并开始迁徙。在没有富余土地的情况下，环境难民涌入后很容易与当地居民发生冲突，加剧社会动荡，最坏的情况就是爆发战争，争夺有限的土地。川中岛合战虽然爆发了5次战斗，但并没有持续到上杉谦信和武田信玄中的任意一方倒下。然而，不可否认的是，在错误应对气候变化问题时可能会爆发的未来的战争中，土地之争会一直持续到其中一方彻底倒下。

即使气候变化对我们居住的土地没有直接影响，也不能掉以轻心。如果世界粮仓的食物供应减少，像日本这样的食品严重依赖进口的国家，以及食品不能自给的城市居民将会陷入恐慌。

进一步来讲，由于气候变暖，西伯利亚的永久冻土将会融化，人们将会开始担心接触到此前被封存在冻土中的未知病毒和细菌。

第一章 需要解决的问题

关于这一问题，可以说是因人口增加，人类的足迹遍布地球各个角落而造成的。

这些担忧向我们揭示了人为导致的气候变化问题的本质。也就是说，人类所歌颂的空前繁荣，第一次遇到了地球可用土地容量的极限。此前，人们认为低熵能源的枯竭是人类未来最早面临的地球容量的极限，但这是错误的。

如何应对气候变化问题？

对于人为导致的气候变化问题，以美国总统特朗普的言行为代表，仍存在许多怀疑论者。

很显然，决定气候环境的机制非常复杂，除了包括二氧化碳浓度在内的大气成分外，还有许多影响气候的因素，如太阳活动、地球轨道变化、火山喷发等。在这种情况下，从人为因素引起的二氧化碳浓度变化中预测未来平均气温和海平面的上升幅度本就十分困难，想要准确地预测这些结果对土壤、天气的影响更是难上加难。这些都是助长怀疑论者风气的养分，也是对需要国际协调的活动冷嘲热讽的主要原因。预测未来地球气候环境的气候模型必然会有误差，所以很容易被吹毛求疵。

气候模型的准确性面临挑战，即使不采取任何对策，可能事态也不会像设想的那样糟糕；相反，即使全世界齐心协力控制二氧化碳的排放量，可能其效果也不会像预期的那样好。一般来说，

- 241 -

人类付出努力，就会希望得到与努力相匹配的成果。但对于气候变化问题，即使付出了足够的努力，也有可能达不到预期的效果，如此一来，积极的心态可能会难以为继。

尽管如此，笔者仍认为我们应该真诚地面对气候变化问题，并付出努力。为什么这么说呢？因为认真对待气候变化问题，即使对气候变化的影响小于预期，但至少会对解决能源资源枯竭问题产生积极的效果。

想要给气候变化问题提供一定的解决方案，就要改变过去那种在资本之神的指引下增加能源消耗，发展耗散结构的思维方式。如果不能控制能源消耗量，使其变得稳定，那么低熵能源资源枯竭的炸弹迟早会爆炸。因此，从我们必须与资本之神保持一定距离，并致力于向重视低熵能源可持续的社会转型这一观点来看，我们目前面临的危机——气候变化问题——对我们来说无疑具有一定的挑战的价值。

现代复活的洪巴巴

让我们再次重温《吉尔伽美什史诗》中的洪巴巴的故事。生活在古代美索不达米亚的人们虽然知道上游森林资源的消失会导致含盐泥沙流失并逐渐堆积在下游，久而久之耕地将会荒废，但他们仍然无法拒绝砍伐森林的诱惑。许多古代文明都曾因过度消耗资源而最终失去土地，这与现代文明所面临的危机——持续大量消耗化石燃料引发气候变化,最终将失去土地——完全相同。

近年来,世界各地频繁发生大规模山火喷发和洪水,日本也不例外,暴雨和热浪等极端天气频繁出现。最近,在新闻上听到"50年一次""有史以来第一次"的说法,人们也不再觉得稀奇了,就连像笔者这样在东京这座大城市出生、长大的人也能亲身感受到气候的变化。我们都开始切身感受到气候的改变。

我们是要用愈发锋利的文明之斧,将当今地球环境的守护神——在现代苏醒的洪巴巴——打败吗?还是说,这一次我们能与洪巴巴共存?人类应该认真对待的重要课题是什么?答案已经很明确了。我们应该放下犹豫,继续前行。

第二章
理想的未来

一些人看着已经发生的事情，问为什么。

而我梦想着从未实现过的事情，说要试试。

——萧伯纳

拥有 energeia 的世界观

为了告别为我们带来繁荣的旧的思维方式，凭借自己的意志创造新的未来，最重要的是从零开始构建我们渴望的未来。现在，我们需要明确新的旅行的目的地，然后考虑如何前往。

笔者想在此提出一个建议，那就是重振亚里士多德的 energeia 世界观。

如前所述，作为一个哲学术语，energeia 是指看到种子发芽，不久就会开花的一种变化，也可以理解成"种子表达了内在的力量（dunamis），达到了它的目的，变成了 energeia 的状态"。总之，在笔者看来，energeia 这个词的深处有一种世界观，即明确定义、意识到应该前往的目的地，并为实现这一目标而凝聚力量。这不正是我们当下最需要的思路吗？

新目的地的设定是从怀疑现在理所当然的想法开始的。虽然怀疑理所当然的事有些困难，但在2020年，世界范围内发生了一件让怀疑变得容易的大事，那就是新冠疫情在全球蔓延。人员流动受到严格限制，单位开始强力推行远程办公，学校长时间停课，餐馆和健身房等商业场所被迫停业或缩短营业时间，世界各地的街道上的行人都消失了，新冠病毒彻底改变了我们的日常生活。

新冠疫情暴发时人类发现了什么？

新冠疫情的暴发让人们认识到了许多问题。其中，我们在思考能源发展的未来时，尤其要注意两点。

首先，疫情暴发后，世界经济如何紧密地联系在一起。面对危机时，我们是多么脆弱，只能相濡以沫。由于追求经济合理性而产生的全球生产、消费网络，面对疫情时无能为力，新型冠状病毒瞬间就传播到各地，让世界陷入了一片混乱。为了防止疫情蔓延，各国纷纷采取封锁边境、发布禁足令等措施，不顾一切地限制人员流动，规模空前。

全世界都依赖的中国生产的口罩不知何时从店里消失了，现在大家都知道，在全球分工明确的现代社会，当必需品短缺时可能会发生什么样的情况。如果我们将2020年年初口罩短缺引起的混乱替换为食品和能源的短缺,就能想象到这件事的可怕之处。

如果过于重视效率,极端地将事物集中、汇集在一起,就会在危机来临时变得极其脆弱,这次的事件很好地体现了这一点。

其次,尽管全球范围内同时实施了几乎令人窒息的停止经济活动的措施,但由此减少的二氧化碳排放量,显然远未达到《巴黎协定》所要求的水平。在此次疫情中,全世界的人类从2020年2月中旬开始停止活动,3月11日,世界卫生组织(WHO)宣布将此次疫情认定为"大流行病"。此后,疫情继续蔓延,到了4月和5月,全球航空客运需求下降了90%以上,世界经济经历了前所未有的停滞[10]。

2020年9月,世界气象组织(WMO)在联合国秘书长安东尼奥·古特雷斯的领导下,与全世界的相关机构合作完成的报告《2020联合科学报告》(*United in Science 2020*)显示,2020年4月初,全球经济几乎陷入停滞状态时,二氧化碳的每日排放量比前一年的日平均值减少了17%。此次下降幅度规模空前,每日排放量减少到了2006年的水平[11]。然而,为了实现《巴黎协定》的2℃的目标,截至2050年,二氧化碳的排放量必须进一步缩减至2006年排放量的三分之一,即从每年300亿吨缩减至每年100亿吨。

也就是说,通过此次疫情,我们再次确认了凭借一般的努力难以实现减少二氧化碳排放量的目标。

此外,我们还知道,像2020年4月和5月那样的经济活动的急剧减少,很难长时间持续。在这段时间里,全球范围内的店铺被半强制性关闭，各种活动相继取消，不仅对店铺经营者和活动组织者构成了经济上的重创，而且对不能自由享用美食、购物和活动的普通消费者也造成了巨大的精神压力。

这表明，极端的休克疗法[①]将难以应对需要持续控制二氧化碳排放量的气候变化问题。如果将经济和环境视为二律背反[②]，那么极端优先处理其中任何一方都无法有效解决问题。事实上，根据WMO的报告，2020年的二氧化碳日排放量在6月初，即世界各地的封锁基本解除后，与2019年同期相比大约减少了5%。根据2021年1月刊登在国际科学杂志《自然》上的报道，最终的全年碳排放量比上一年下降了6.4%[12]。

通过此次新冠疫情的暴发，我们能够学到很多，特别是重新审视上文中提到的过度集中化的问题，以及确保经济活动和环境保护之间平衡的必要性，将成为预测未来社会前景的重要视角。改变对这两点的看法，正是摆脱新冠疫情暴发之前的理所当然，向可持续发展社会过渡的关键想法。

100多年前暴发的西班牙大流感，感染了当时世界人口的四分之一，死亡人数达到数千万，给人类社会带来了巨大的浩劫，规模

---

① 休克疗法，医学上临床使用的一种治疗方法，全称为电休克治疗法。电休克疗法亦称电抽搐治疗，指的是以一定量电流通过患者的头部，导致患者全身抽搐，从而达到治疗疾病的目的，是一种效果良好的治疗方法。

② 二律背反是18世纪德国古典哲学家康德提出的哲学基本概念，是指双方各自依据普遍承认的原则建立起来的、公认的两个命题之间的矛盾冲突。

- 247 -

超过了现在的新冠病毒危机。但在第三波疫情结束后，随着时间的流逝，它自然地从人们的记忆中消失了。不可否认，我们从新冠疫情中学到的经验也可能会随着时间的流逝而逐渐被遗忘。我们必须拥有很强的意识，将此次学到的知识运用在未来的社会发展上。

驱动未来社会的核心能量

为解决气候变化问题，构建能够协调能源资源枯竭问题的可持续发展的社会，我们必须将不排放二氧化碳，能够持续大量消耗且不会有枯竭之忧的能源作为驱动未来人类社会的核心能源。

能够承担这一重任的只有太阳能和核能。暂且不论近年来集世人期待于一身的太阳能，或许大家会觉得不可思议，为什么核能会被选为候补呢？因为从不排放二氧化碳，从持续大量消费也不用担心能源枯竭的角度来看，核能是一种优秀的候选能源。

然而，遗憾的是，我们已经无法将目前实际应用的核裂变反应中的核能作为驱动未来社会的核心能源。因为高放射性废物的处置问题需要超长期的管理，而且通过实现核燃料再循环，大幅增加能源资源量的增殖反应堆的开发也陷入了僵局。

尽管如此，我们仍然有理由对核能寄予厚望，即通过核聚变反应利用核能。核聚变是指像氢一样的两个小原子核融合成一个大原子核的反应。与核聚变反应相反，核裂变反应是像铀一样的大原子核分裂成两个以上的小原子核，在发生反应时质量大幅减少，释放出能量。

通过核聚变反应来利用核能，能够解决目前核裂变反应所面临的所有问题。

由于核聚变反应不会产生高放射性废物，也不会引起连锁反应，万一发生事故，反应也能够立即停止，因此不会失控。核聚变反应会释放中子，反应炉带有放射性，但这种低放射性废物预计贮存约 100 年就能变得无害。核聚变反应的燃料是海水中富含的氘。自然界中每 7000 个氢原子中就有 1 个氘，氘几乎可以说是无穷无尽的[13]。当然，这是利用了爱因斯坦发现的 $E=mc^2$ 公式中质量缺损产生的巨大能量，因此与利用单位面积能量较少（能量密度低）的太阳能不同，不需要占用广阔的土地。

考虑到人类对土地的利用已经达到极限，没有富余的空间是气候变化问题引发的本质问题，核聚变反应产生的核能可以说是最接近理想的能源，理应成为驱动未来人类社会的核心能源。

无论怎样，核聚变反应的最大挑战是核聚变反应堆的设计非常困难。由于核聚变反应是太阳进行的反应，从某种意义上来讲，核聚变反应堆就是尝试在地面上再现太阳，因此不难想象这一技术在实用性方面需要突破的瓶颈之多。目前，核聚变反应中利用氘和三氚（氚）的方法相对容易实现，在科学技术上的可行性研究仍在继续。

因此，今后几十年内还无法投入使用，但只要在 21 世纪末之前能够投入使用就可以了。

人为导致的气候变化问题已经迫在眉睫，当务之急是减少以二氧化碳为代表的温室气体的排放量。我们根本没有时间等待核聚变反应堆的发展，因此，我们得出的结论是，至少在 21 世纪末来临之际，只能依靠排除法扩大太阳能的使用范围。

虽然太阳能实际上可以提供取之不尽用之不竭的能源，也可以供地球上的广大地区使用，但其能量密度低，需要占用大规模的土地，使用大量的材料，还需要应对天气影响带来的功率波动。此外，太阳能发电还存在一个问题，那就是夜间无法运行，而夜晚占据了全天时间的一半，因此，太阳能永远无法成为人类的完美能源。想要利用问题重重的太阳能，仅依靠技术革新远远不够，我们需要努力使社会结构尽可能接近太阳能的特性。把未来托付给太阳能，意味着通过自由随意地大量消耗能源，让逐渐摆脱自然界束缚的人类社会，在一定程度上可能会再次回归到自然界的桎梏之下。

未来社会必须是一个与太阳能高度亲和的社会，这样才能达到我们的目的——实现 energeia 的状态。如果以此为出发点考虑未来社会的设计方案，那么我们就能发现现代社会中需要修正的具体事项。新冠疫情暴发引发的社会动荡，意外地让人们对这些事项有了新的认识，那就是"集中与分散"和"经济活动与环境保护"。关于这些对立的概念，一直以来我们都将重心放在"集中"和"经济活动"上，但面向未来社会，我们必须予以修正。

从集中式转变为分布式

从某种意义上来讲，从以化石燃料为主的社会转型为以太阳能为主的社会，是我们每个人都能想到的未来远景。但实现这一目标的道路并不平坦，因为这是人类历史上首次迫使人类从方便使用的低熵资源转向不方便使用的高熵资源。

我们虽然无须担心太阳能枯竭，但是太阳能存在能量密度低、无法储存的问题。因此，为了稳定地获得维持人类文明所需的能量，就需要大规模的土地储备和蓄电池等储能装置。

这两个限制条件的存在促使人类社会从过去的集中型向分散型转变。

目前，光伏电池板的能量效率约为 20%，远远超过了最佳条件下也只有 3% 的光合作用的效率[14]。当然，自然界中的光合作用是包括能量储存在内的技术，不能简单地进行比较，但可以自豪地说，人类现在的光伏电池板技术已经相当先进了。尽管如此，为了支撑现代社会中人们的生活，我们仍必须确保大规模的土地。

假设日本的一次能源①供应全部由太阳能发电提供，考虑到季节差异和昼夜交替，太阳能的平均强度为每平方米 150 瓦，光

---

① 译者注：一次能源，又称"天然能源"，是指直接来自自然界未经过加工转换的能源。如柴草、煤炭、石油、天然气、核燃料、水力、风力、太阳能、地热能、海洋能等。

第四部分 旅行的目的地

伏电池板的能量转换效率为20%，根据笔者的估算，日本5.5%的土地上都需要铺上光伏电池板。这意味着光伏板的覆盖面积已经略微超过整个四国岛。当光伏发电的能源供应量达到日本一次能源供应量的46%时，光伏发电板的占地面积就相当于整个青森县的面积[15]。想要在日本有限的国土上确保如此大规模的用地，谈何容易。为此，不仅要利用休耕地、工厂旧址等较大规模的土地，还要尽可能有效地利用住宅、楼顶等小规模土地。

虽然海上风力发电因发电效率高而备受期待，但假设一个风力涡轮机的发电容量为3兆瓦，利用率为30%，那么根据笔者的估算，想要满足日本全部的一次能源供应量，就需要大约70万个风力涡轮机，仅仅是电力供应就需要大约32万个风力涡轮机。在覆盖整个地区的风力发电厂里，为了防止因过于密集而导致功率降低，间隔距离必须大于叶片直径的7倍左右，考虑到航行船只的安全，需要预留大约10倍的空间。因此，海上风力发电需要比太阳能发电更大的面积。这一差距很大，海上风力发电所需的面积可能比太阳能发电所需的面积扩大10倍以上[16]。虽说海洋面积辽阔，但要确保如此广阔的面积并非易事。因此，即使利用海上风力发电，也不能保证只占用一处场所就能满足全国的能源需求。

综上，为了扩大太阳能的利用范围，我们需要设计一套电力系统。这套系统不仅需要较大规模地部署海上风力发电和利用休耕地、工厂用地等大型太阳能发电设施，还需要纳入大量较小规模的陆上风力发电设施，以及安装在住宅和楼顶的小型太阳能发电设施。为了尽可能多地提供所需的能源量，必须充分利用所有可以使用的土地。

另外，考虑到传输电能过程中的能量损失，尽量在分散的状态下使用能够分散发电的太阳能才是合理的方案。

这表明，有必要设计一种能够将大量小型、输出不稳定的设施连接在一起，在自产自销的同时，能够互补短处的新型分布式系统，取代以少数能够稳定输出功率的大型发电厂为中心设计的、从现有发电厂到用户之间的单向电力系统。这种分布式系统适用于小型地热发电和小型水力发电等小型电源。

但是，电力系统的运行需要不断平衡电力的供给量和需求量。因此，为了扩大太阳能的利用率，必须具备高度管理整个系统的能力。例如，预测未来5分钟的天气，然后计算太阳能发电和风力发电可能产生的发电量，并根据当时的需求利用蓄电池；机动调整作为主要调节阀使用的天然气、火力发电站的运行。

建立这样一个高精度的系统，在很久以前简直就是痴人说梦。然而，由于信息通信技术的巨大进步，供需双方的缜密预测和控制已经成为可能。如果我们灵活利用这些大数据，根据供需情况来制定弹性的电价（动态定价），那么从经济合理性的角度来看，也可以实现最优的运行方案。

其结果就是，能够纳入电力系统的太阳能发电和风力发电的占比将会稳步提高。信息通信技术进步带来的变革浪潮，为能源这一任重而道远的行业带来了实质性的变化。

能源储存装置的开发成为课题

目前促进太阳能普及的最大难题是能源储存装置的开发。蓄电池在充电和放电时都会产生能量损失，而且会随着时间的推移自然放电。由于反复充放电，会加剧蓄电池退化，如何延长其使用寿命也是一个难题。此外，制造蓄电池需要锂、钴和镍等稀有金属，为生产这些稀有金属资源而投入的能源导致资源枯竭的问题也不容忽视。更有甚者，由于蓄电池中使用的电解液为强酸性或强碱性液体，对环境造成的负荷较大，废弃时主要通过高温分解处理，因此处理废旧蓄电池时也需要投入一定的能量。

为了解决蓄电池的这些难题，人们正在研究不通过电池，而是直接将产生的电转换成氢的方法。然而，氢的储存难度并不低，作为氢的主要储存方法，液化和高压都需要投入大量的能源。

但人们仍然对氢抱有期望，因为单位质量的能量（能量密度高）较大，重量较轻，即使需要考虑储存容器的重量，运输也相对容易。另外，氢便于使用，既可以作为火力发电站的燃料使用，也可以作为燃料电池的燃料直接发电。

因此，人们正在研究在土地和日照充足的干燥地带铺设大量光伏电池板，利用电力制造大量的氢，然后通过船舶将其运输到消费地，作为火力发电站和燃料电池等设施的燃料大规模使用。

也就是开发氢的大规模供应链。在日本等土地使用受到限制的地区建立这样的供应链，进口氢将成为确保能源的有力选择之一。这样做能够弥补国内可再生能源无法满足的供应缺口。

向自然学习

当我们看到发展能源储存装置所面临的各种挑战和为了克服这些挑战所做出的努力时，我们就能再次意识到自然界所创造的植物拥有多么完善的技术了。虽然植物的光合技术在能源效率方面落后于最新的光伏电池板，但如果从能源的储存和利用，到废弃物的回收再利用，以综合能力来衡量植物所拥有的技术，那么植物的实力远胜过人类。

特别是植物能够完全实现废物再利用，这对于以经济合理性为基础实现高度工业化的人类社会来说是很难模仿的。

从用于制造光伏电池板和蓄电池的矿物资源，到需要加工的矿物燃料和其他能源，我们创造的工业过程在很大程度上依赖于可实现经济开采的低熵资源。当物品消耗和老化，最终都会成为高熵状态下的废物。随着新能源的投入，一部分废物将会被再次利用，经过分类和提取，重新回到低熵状态下的资源中，但那些在投入新能源后，不符合经济性的废物，将被作为工业废物处理，而不是被再利用。在高熵状态下耗散过多的东西很难被再利用。为了建立一个真正意义上的可持续的社会，我们必须像植物一样，将这些废弃损失降至零。

一个以太阳能为中心的社会，意味着人类的活动必须竭力配合自然界赖以生存的能量流和资源循环。

大气中的二氧化碳含量上升的原因，是人类大量使用以化石燃料的形式封存在地下的碳资源，并将超过生态系统的碳循环负荷量的二氧化碳排放到了大气中。

当人类构建出以太阳能为中心的社会时，正如亚里士多德曾经对自然的观察和赞颂的那样，我们要向植物的伟大之处学习，并再次向将太阳能毫无浪费地分配给整个生态系统，通过资源循环保持高度平衡的自然界的奇妙之处致敬。笔者认为，这是我们每个人都应该牢记的。

如何摆脱资本的上帝魔咒？

设计从集中式转向分布式的未来社会的另一个基本思路，是实现经济活动和环境保护活动的平衡。最快地控制人为二氧化碳排放量的措施是大胆地限制经济活动。然而，如果方法不当，那么这种强权限制可能会加剧经济差距造成的社会分裂，从根本上动摇社会稳定。控制二氧化碳排放量必须长期持续下去，这样才能取得效果。对此，社会的理解和稳定至关重要。

因此，在经济活动和环境保护活动之间取得良好的平衡，成为一项严峻的考验。

工业革命以来的人类，在资本之神的指引下不断扩大能源消耗，极大地发展了现代文明这一耗散结构。尽管资本之神为人类带来了前所未有的繁荣，但它那在可以无限增长的前提下创立的教义，如今却因遭遇地球容量极限这一巨大障碍而摇摇欲坠。

资本之神没有一套符合经济增长放缓或负增长时代的教义。现在，我们需要的是顺应时代，修正和发展资本之神的信仰体系，就像基督教经过宗教改革产生了新教，镰仓佛教取代了京都奈良的旧势力一样。

总而言之，思考如何摆脱我们一直以来坚信的经济会不断增长的魔咒，成为在经济活动和环境保护活动之间寻求平衡的极其重要的观点。

积极看待人口减少的问题

经济的增长大致通过两个因素来实现，一个是人口的增长，一个是个人购买力的提高，也可以说是劳动力的增加和生产率的提高。其中，劳动人口占国家总人口的比例增加的时期被称为人口红利期，丰富的劳动力将有效刺激经济增长。20世纪60年代日本经济的高速增长正是依靠了人口红利的支持。

在资本之神领导下的资本主义社会中，第三次能源革命——有实用价值的蒸汽机的发明——和第四次能源革命——对电力的利用，极大地提高了生产率，使经济走出了中世纪漫长的停滞期，开始增长。另外，随着近代工业的兴起，工厂开辟了新的就业岗位，世界人口也稳步增加，人口红利开始发挥作用。后来，第五次能源革命——人工肥料革命——促使粮食产量激增，导致人口出现爆炸式增长。

就这样，世界获得了强大的人口红利，经济增长速度也随之加快。现在，经济增长模式迎来了转机。迄今不断推动经济增长的发达国家的劳动人口开始减少，迎来了少子高龄化的时代。随着少子高龄化的趋势，人口红利将不再发挥作用，我们即将失去推动经济增长的强大助推器。

为了促进经济增长，人们想出了培养拥有特殊技能的群体，通过磨炼技术能力来提高生产率的方法。但与仅凭人数就能推动经济增长的人口红利相比，其实现的难度极大，因此成为一项挑战。

结果表明，如果少子高龄化的国家希望维持一定的经济增长，那么考虑大规模接收移民将是最快捷的措施之一。

但是，继续依靠人口红利来确保经济增长的方法到底是否能够持续呢？其实，家庭富裕后孩子数量减少是人类社会共同的现象，因为当人们摆脱极度贫困的时候，就不会把孩子当成劳动力来对待了，人们会把钱花在孩子未来的教育上。也就是说，孩子不再是收入项，而是支出项，所以人数必然会缩小。富裕带来的卫生状况的改善、婴幼儿死亡率的降低，也会推动这种趋势发展。

如果今后世界人民逐渐变得富裕，那么世界人口迟早会停止增长，并最终会缓慢减少。根据联合国统计的 2019 年版世界人口预测，世界人口将在 21 世纪末达到 110 亿左右的峰值[17]（图 9）。

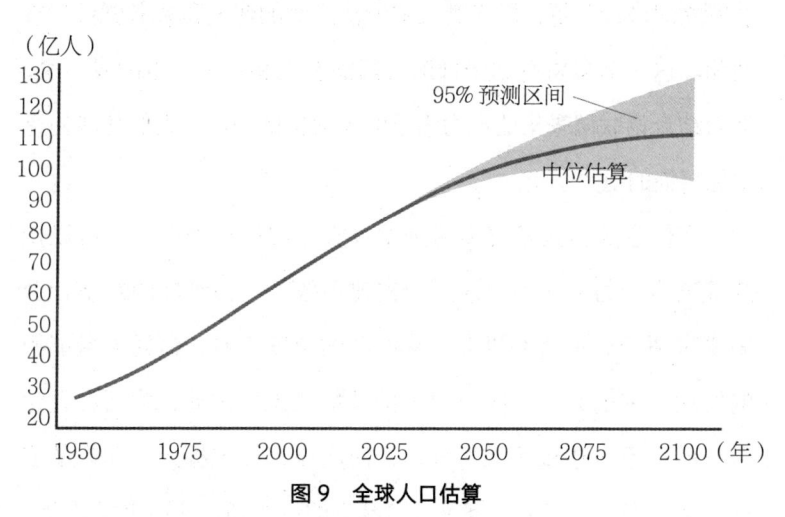

图 9　全球人口估算

来源：联合国 2019 全球人口估算。

也就是说，发达国家乃至全世界迟早会迎来短暂性的人口红利。如果是这样，那么随着少子老龄化的加剧，人口率先减少的发达国家与其逆势而为，执着于人口红利，被经济增长的魔咒束缚，倒不如尝试刺激经济增长的另一个因素——生产力，朝着稳定经济的目标前进才是明智之选。

在提高生产力方面，现在正在刮起一阵强劲的东风，而这都得益于信息通信技术的突飞猛进。互联网将所有的一切都连接在了一起（物联网），瞬息万变的信息都可以作为大数据进行收集。通过人工智能（AI）进行即时分析，然后给出更加精细的供需预测。通过这些技术，我们可以减少浪费，提高生产力。

在能源领域，对于气象信息等庞大且不断更新的大数据，AI能够立即进行分析，以人类大脑无法应对的速度和频率更新气象预测。这些信息将有助于预测太阳能发电和风力发电的发电量，然后结合物联网采集的电力需求的大数据的预测，人们就能构建更加精细的电力系统。

在信息通信技术突飞猛进的今天，我们正处在一个可以持续提高生产力的环境，这对于构建不依赖人口红利的经济社会来说可谓千载难逢的机会。从能源的角度来看，消耗大量能源的发达国家的人口减少有很大的节能效果。因此，生活在发达国家的人不应该试图维持人口，而应该积极把握人口动态的变化，通过提高生产力来度过人口减少的过渡期，从而重建社会。

如今，生活在以日本为代表的少子高龄化发达国家的我们面临的问题是，在人口回归到可持续发展的局面下，如何避免在经济过渡期陷入缩小经济规模、保持收支平衡的局面。

为110亿人寻找新的"富裕"

我们都在寻求富裕安定的生活，而这也是生活在发达国家的人们的生活。家家户户水电到位，厨房里有灶具和微波炉，只需一个开关就能加热烹饪。

曾经被称为三大神器的洗衣机、冰箱、电视自不必说，以智

第二章 理想的未来

能手机为代表的通信设备和网络环境也是应有尽有。在这样的环境中度过安定的生活，对于生活在不同发展阶段的社会中的每一个人来说都是理想目标。

我们经常从生活在发达国家的人们那里听到不安的声音，如果持续增长的世界人口都过上了与发达国家人民相同的生活，那么地球是否会过载？这种焦虑也许是对的。但是，能够消除这种焦虑的，不是那些努力使自己的国家跻身发达国家行列的人，而是生活在发达国家的我们。

由著名世界级畅销书《事实》（Factfulness）的汉斯·罗斯林和他的儿子、儿媳（即欧拉和安娜）创立的 Gap Mainder 基金会，为我们制作了一张非常简单易懂的图（图10）。

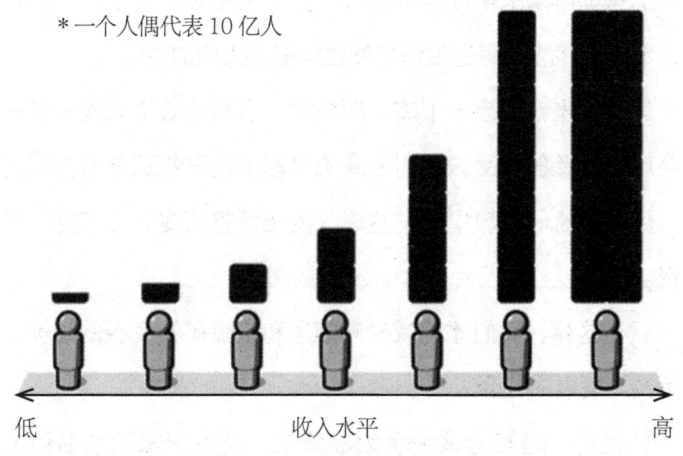

* 一个人偶代表10亿人

低　　　　　　　收入水平　　　　　　　高

图10　按收入水平分类的二氧化碳排放量

来源：Gapminder[51]based on CDIAC Based on free material from GAPMINDER.ORG,CC-BY LICENSE www.gapminder.org/topics/co2-emissions-on-different-income.

如果按照收入的高低顺序将全世界的70亿人口分为每10亿人一组，那么收入最高的10亿人排放的二氧化碳和剩下的60亿人排放的二氧化碳一样多。接下来，剩余组别中收入高的10亿人排放的二氧化碳占据了其余排放量的一半，而下一组人的排放量又占据了剩余排放量的一半。我们可以从这张图中一目了然地看出收入多的阶层排放的二氧化碳最多。

假设每一个组别中的10亿人达到组别所需的时间为1年，那么所有人都达到最高收入需要60年的时间，实际上需要的时间会更多。人为导致的气候变化并非60年后将要发生的问题，而是全世界都能感受到的迫在眉睫的问题。造成这种危机的是仍然占据世界二氧化碳排放量一半的10亿上层人口及其祖先的活动，他们对工业革命以来累计排放的大部分二氧化碳负有责任。也就是说，不可持续的反而是生活在发达国家的人们的生活。

让我们重新回想一下杰文斯悖论：节能的效果只能来自在全社会广泛普及的物品。我们未来的目标不是限制那些努力致富的人，而是让他们理想中的发达国家的生活方式变得更节能、更少浪费。

只有这样，我们才能减少对能源和宝贵矿物资源的消耗，建立可持续发展的社会。

让我们一起努力减少食物浪费吧。发达国家的食品供应比实际需求高出75%，在零售方面产生了高达30%~40%的食品废物[18]。考虑到粮食生产投入的能源量，这是完全不可持续的。

让我们充分利用物联网、大数据、AI等先进的信息通信技术，来消除浪费吧。经过新冠疫情，远程办公不得不成为一种工作形式，远距离出差的频率也在降低。运输本身就是一种能源损失，所以我们应该不断活用先进的信息通信技术，优化人员的流动，通过与分布式能源相结合的方式，让集中于特大城市的人分散到地方。

对于居住在地方却又不想放弃私家车的人来说，可以通过共享汽车和自行车等交通工具让出行方式变得多样化，通过整合现有公共交通网的信息来寻求解决方案。通过信息通信技术可以分析当地人员的流动情况，优化交通系统。这些优化出行方式的服务被称为模型即服务（Mobility as a Service，Maas）。

如果未来"模型即服务"中能够加入自动驾驶技术，共享汽车进一步普及，那么我们的生活就可以不依赖私家车了。因此，在技术总动员的同时效仿自然，积极向自产自销和分布式社会过渡，将成为通向可持续发展的未来的指南针。

世界人口将随着人们的富裕程度而逐渐停止增长。根据目前的推测，这一数字将达到110亿人左右。因此，想要实现可持续发展的社会，就需要生活在发达国家的人们率先提出新的关于富足的定义，让110亿人过得富裕、安心。只有这样才能同时确保经济活动和环境保护活动。想要解决能源问题，很大程度上依赖于生活在发达国家，享受着富裕生活的我们的用心。

第四部分　旅行的目的地

可持续发展目标（SDGs）的含义

2015年是全球范围内朝着可持续发展的社会转型的标志性年份，因为在这一年中通过了两份重要文件：确定可持续发展目标的《变革我们的世界：2030年可持续发展议程》和确定国际气候变化框架的《巴黎协定》。

《2030年可持续发展议程》是在2015年9月的联合国可持续发展峰会上通过的，旨在呼吁全世界共同采取行动，截至2030年消除贫困，保护地球，让每个人都能享受和平与富裕。具体来讲，作为可持续发展目标，共设定了17个目标（SDGs），明确了人类共同面对的挑战。

17个可持续发展目标（SDGs）

其中，与能源问题有关的挑战包括：2.零饥饿（消除饥饿和促进可持续农业发展）；7.经济适用的清洁能源（发展电力和推广可再生能源）；8.体面工作和经济增长（通过提高生产力和技术创新实现可持续经济增长）；12.负责任消费和生产（可持续的生产和消费）；13.气候行动（减缓和适应气候变化的措施）。

《巴黎协定》于2015年12月在巴黎通过，次年生效，为2020年以后减少温室气体排放等制定了新的国际框架。《巴黎协定》取代了1997年于京都通过的《京都议定书》，该议定书中规定了截至2020年的目标。与只有发达国家承担义务的《京都议定书》不同，《巴黎协定》是所有国家都参与的协议。《巴黎协定》的主要目标是将全球平均气温较工业革命时期的上升幅度控制在2℃以内，并努力将温度上升幅度限制在1.5℃以内。为了实现这一目标，人们提出有必要共同推进以减少二氧化碳等温室气体的排放量为目标的"缓和方案"和应对因气温上升1.5~2℃而引起气候变化的"适应方案"。

就这样，2015年共同通过了"可持续发展目标"和《巴黎协定》，除了年份外，两者还有一些共同点，那就是两者的内容始终是人类共同的目标，并不伴随着具体的义务。因此，为了实现这些目标，归根结底必须依靠各国政府、地方政府、企业，以及我们每个人的努力。

由此可见，在2015年定下的目标具有重大意义。

为什么这么说呢？因为目标一旦确定，就意味着全人类达成了关于energeia的共识。我们明确了自己旅行的目的地，剩下的问题是如何实现这一目标，而这取决于我们的意志强度。

近年来，不仅是各国政府、地方政府等公共团体，就连一般企业等民间团体也开始以可持续发展为目标进行经营发展。大家开始意识到，过去那种以不可持续的经济增长为前提的商业模式将导致企业走向衰亡。从某种意义上来讲，这是理所当然的。

让这种趋势变得更加可靠的是形成组织的我们每个人的心，因为无论是国家、地方政府还是一般企业，都是由人组成的，这些组织活动的源泉归根结底是组织中的每个人。

如果我们每个人都能为实现 energeia 这一共同目标而努力，那么社会转型的压力就会减少。现在，我们每个人都在期待积极看待以实现可持续发展的社会为目标的各国政府和地方政府的政策，以及一般企业的活动，并支持这些举措。此外，在日常工作和生活中，如果我们或多或少地意识到 17 个可持续发展目标，就能够在经济增长至上的社会向经济增长和环境保护并存的可持续发展的社会缓慢转变的过程中贡献自己的一份力量。

长期预测显示出的严峻现实

美国能源信息署（EIA）在假定目前的经济环境及能源相关政策不发生大变化的情况下，对全球能源消费趋势进行了长期预测，每两年公布一次。这是假设今后没有采取任何对策的情况下，对今后能源消耗量的发展趋势做出的预测。《2021 年世界能源展望》的数据显示，即使不采取额外措施，可再生能源的普及工作也将在2050年取得重大进展。与2020年的实际情况相比，增加了约2.5倍。另一方面，作为二氧化碳排放源的石油和天然气的使用量正在逐渐增加，就连煤炭也基本持平，没有呈现出减少的趋势。因此，二氧化碳排放量不会减少，且每年将逐渐上升，预计截至2050年将超过每年400亿吨[19]（图11）。

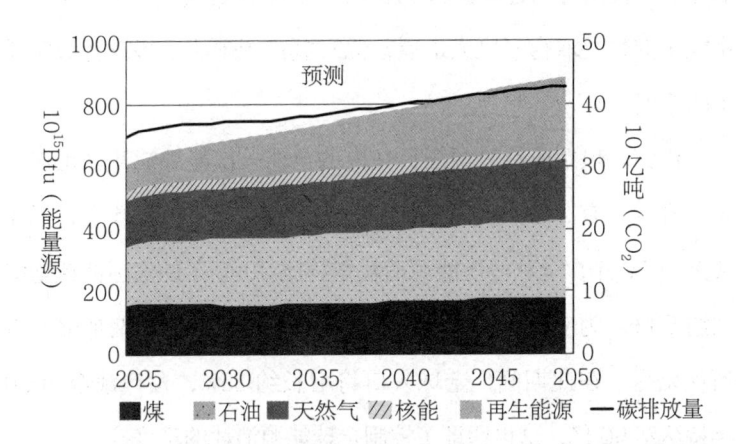

图11 全球一次能源消耗量和各能源的细目以及二氧化碳排放量预测

来源：作者根据U.S. Energy Information Administration, International Energy Outlook 2021的数据制作而成。

注：石油中包含生物燃料。

为了实现《巴黎协定》的2℃目标，截至2050年，每年的二氧化碳排放量必须控制在100亿吨左右。如果想要实现更加严格的目标，即将温度上升幅度限制在1.5℃以内，则必须在2050年实现净零（实际上等于零，即排放量与吸收量相当）。

除了在气候变化问题上先行一步的欧洲各国，日本和美国也相继提出了在2050年实现净零的方针。最近几年，2050年净零的目标逐渐成为主流。但无论是哪一个目标，如果不尽早减少二氧化碳排放量，那么达成目标的门槛将逐年提高。现实是如此严峻。

但是，面对严酷的现实，我们必须继续前行。为了寻找具体的方法，我们再来看看长期预测图。图11清楚地显示了尽管可再生能源的普及取得了巨大进展，但二氧化碳排放量却没有如期减少的原因。

没错。包括所有能源细目在内的全球一次能源消耗量正在持续上升。只有2020年，在新冠疫情的影响下才有所减少。预计截至2050年，全球一次能源消耗量将比2020年的实际消耗量增加约50%。为应对新的需求增长，可再生能源的供给增加部分将消耗殆尽。在此期间，全球人口将增长约25%，预计截至2050年将达到96亿，这也印证了控制全球能源消耗的难度。

从这些事实可以看出，为减少我们每个人使用的能源消耗量而努力，对于降低对排放二氧化碳的化石燃料的依赖是多么重要。当然，在一定程度上也可以出台关于可再生能源的新的优惠政策，进一步加快可再生能源的普及，减少化石燃料的消耗。然而，我们必须明白，可再生能源也有自己的长处与短处，不能完全替代化石燃料。

电力供应是可再生能源最擅长的方面，所以主要用于发电的煤炭有很大的削减空间。化石燃料发电最终只需要以天然气为燃料的备用电源，仅在可再生能源发电量不足的时段内运转就足够了。

随着电动汽车的普及，车用石油的消耗量将会逐渐减少。另外，对于物流方面的卡车、船舶和飞机的燃料，由于很难开发出既能满足搬运重型物体所需的功率，又能满足长时间使用的转型蓄电池，因此仍需使用石油和天然气。这些领域未来有望被生物燃料和氢燃料取代。但由于较高的生产成本和储存容器等基础设施建设方面仍存在挑战，因此生物燃料等很难尽快普及。

在制造产品的过程中，炼铁和制造水泥需要大量煤炭，石油化学需要大量石油和天然气。这些领域中的燃料很难用电替代，与可再生能源并不匹配。对于化石燃料这种有限的能源，我们需要将其在可再生能源难以替代的领域，好好地加以利用。

《巴黎协定》的主要目标——2℃（1.5℃）

在诸多的限制和挑战下，为了控制能源消耗，实现《巴黎协定》的2℃目标和更加严格的1.5℃目标，我们必须不惜一切，投入人类拥有的全部力量。

当我们试着思考具体的行动计划时，就会明白这将会是一场"总体战"。

首先，在铁、水泥和石油化工等需要投入大量化石燃料的领域，从某种意义上来讲，我们需要积累有助于提高效率的基本知识，例如，长期维护设备，改进使用方法以减少消耗量，促进循环再利用。

虽然存在一些有望在制造过程中实现低碳化的技术，如炼铁中的氢还原技术和水泥生产中的二氧化碳固化技术，但是仅仅依靠这些技术很难大幅度地减少二氧化碳排放量。在最大程度地减少二氧化碳排放量之后，对于不得不排放的二氧化碳，必须使用二氧化碳捕集、利用与封存技术（Carbon Capture, Utilization and Storage, CCUS），尽可能地捕集（Capture），并将其利用（Utilization）于化学品原料，或封存（Storage）到地下，使其与大气隔离。其中，有些行业即使通过技术革新，也无法将制造产品过程中产生的二氧化碳排放量完全降至零，因此能够回收大量二氧化碳并将其封入地下的 CCS（Carbon Capture and Storage）技术就成了实现净零的关键。

世界各地都在加速推进这种技术的实用化进程，日本也不例外。在日本经济产业省的领导下，2016 年至 2019 年，北海道苫小牧市进行了大规模的实证实验，现在，日本以环境省为主体，以 21 世纪 20 年代后半期实现技术实用化为目标，展开了新的工作[20]。

其次，在全球现有的能源中，能够实现电气化的能源应尽量实现电气化，不断增加可再生能源的覆盖领域。此外，我们应当以比以往任何时候都更快的速度部署基于太阳能和风力等可再生能源的发电设施，并通过信息通信技术构建分布式系统，采用动态定价等方式进行彻底优化。

在发电量相同的情况下，燃煤发电厂的二氧化碳排放量是天然气发电的2倍左右，对此，超过50年使用寿命的机组，以及接近使用寿命的机组都应当积极退役。虽然相对较新的燃煤发电厂将得以保留，但必须采取措施，如引进CCS技术，或将生物燃料和不排放二氧化碳的氨混合燃烧。

但是，为了回收二氧化碳并将其储存在地下，需要投入新的能源，因此相应的能源消耗量也会增加。由于燃煤发电厂只生产电力，能源平衡比（EPR，即获得的电力与为获得电力而投入的能源之比）只会随着CCS技术的提高而不断"恶化"。因此，考虑到能源收支，在煤炭火力发电站应用CCS技术时应该慎重。

然而，尽管可再生能源需要相当长的时间才能替代现有燃煤发电的发电量，但考虑到二氧化碳减排已迫在眉睫，将CCS技术用于燃煤发电厂将是过渡期中不得已的选择。

再次，虽然核能仍存在高放射性废物，但由于核能能够在面积狭小的土地上进行大容量发电，在二氧化碳的减排方面具有即时效果，因此在彻底确保安全性的基础上，有必要继续将核能作为基本负荷电源，取代优先"退役"的煤电。中国和印度作为占全球人口三成多的大国，预计截至2050年，仅两国的电力需求就将占全球电力需求的近一半。所以，我想为了尽量避免新建煤炭火力发电站，也有必要建设新的核电站。

另外，近年来，一种新的核电站设计思想引起了人们的关注，即不是在当地建设一个巨大的核反应堆，而是在工厂组装小型核反应堆，然后运送到当地，并排安装多个核反应堆。因为小型核反应堆可以通过自然冷却的方法进行炉心冷却，所以安全性更高。在必要技术的开发方面，以核潜艇的开发为代表的技术积累也是一项优势。因此，小型核反应堆的开发和相关法律的完善将稳步推进，今后在需要新建核电站时，这将成为有力的支撑。

最后，人们还将以氢相关技术的早期实用化为目标，积极开发相关技术。像日本这样没有富余的土地，在大规模可再生能源发电的发展方面受到限制的国家，更应该积极致力于氢相关技术的实用化，构建氢价值链，进口并利用海外制造的无二氧化碳氢。当然，核聚变技术作为人类的一张王牌，计划将于 21 世纪末实现实用化。对此，我们必须集合世界各地的智慧和资本，竭尽所能全面推进开发工作。

在贯彻落实这些措施的基础上，我们每个人都应该积极参与控制能源消耗的行动，如利用公共交通工具，长期珍惜物品，努力回收再利用等。只有这样才能在世界人口持续增加的环境下降低二氧化碳的排放量，达成《巴黎协定》的 2℃目标和更加艰难的 1.5℃目标。

怎么样？大家是不是觉得很难，是不是想要放弃？然而，目前的处境已经不允许我们轻言放弃了，因为在减少二氧化碳排放量之前，大量消耗低熵资源的趋势一直没有得到遏制。

减少二氧化碳排放量的意义

　　事实上，想要准确预测人为导致的气候变化的影响究竟有多大，并不是一件容易的事情。但是，我们不能忘记，人为气候变化的背后是自文明发祥以来，一直困扰着人类的能源资源枯竭的问题。我们虽然打败了想要在现代社会重新复活的洪巴巴，但最后遭到报复的还是我们人类。即使我们实现了《巴黎协定》的 2℃ 目标，也仍然需要一定的化石燃料。总之，我们必须继续解决能源资源枯竭的问题。

　　不仅仅是能源资源。在肥料的三要素中，磷和钾仍需要依靠矿产资源供给。蓄电池作为推广可再生能源的关键，也需要锂、钴、镍等矿产资源。此外，即使是铁和铜，也不可能取之不尽用之不竭。能够经济开采的低熵矿物资源迟早会枯竭，所以如果我们不能像自然界那样实现完全的再利用，就必须珍惜所有的资源。

　　促进可再生能源的普及，建立以太阳能为中心的社会，意味着人类的活动将极力配合自然界中的能源流和资源循环。

　　关于控制二氧化碳的排放，我们可以将其理解成使人类的活动与生态系统碳循环的步伐保持一致的尝试。总之，通过制定二氧化碳减排目标，抑制人类对钢铁和水泥等商品的消费，促进再循环，建立一个与可再生能源高度亲和的分布式社会，无论二氧化碳排放对气候变化的实际影响如何，减排行动本身都将确保我们建立一个可持续发展的社会，这就是我们旅行的目的地。

第四部分　旅行的目的地

如果我们努力减少二氧化碳的排放量，在21世纪中叶实现向更具可持续性的社会的转型，那么自然界与人类的关系将得到改善，我们将能够与洪巴巴共存。如果在遏制肆无忌惮的消费，建立珍惜资源的新社会的基础上，从21世纪末开始导入核聚变反应堆，那么将会释放大量可用于发展太阳能发电和风力发电的土地，而且发电所需的材料量也将大幅减少。这样一来，拥有110亿人口的22世纪前景将会非常美好。

第三章
我们能做什么？

> 别着急。不能让脑筋变坏了。请耐下心来。
> 世人都知道在毅力面前低头，
> 但在烟花面前，只能留下一瞬间的记忆。
> 奋力推动，直至死亡，仅此而已。
> 如果你问我推动什么，那么我来告诉你，推动人类。
>
> 夏目漱石给芥川龙之介、久米正雄的信（节选）

终于，从能源的角度观察、理解事物的"能源之旅"即将迎来最后一章。我们将在这一章，结合从"追求数量的旅行""寻求知识的旅行""探求心灵的旅行"中观察到的事物的本质，研究未来社会的发展趋势，思考其框架和实现的方法。

正如我们在上一章中看到的，在构建可持续发展的社会的道路上，整个社会面临的问题已经基本确定，世界各地正在稳步推进关于所需技术的具体研究和实施。我们优秀的头脑会充分发挥先见之明，制定对策，因此我们无须焦虑。

如果不控制能源消耗，珍惜低熵资源，就无法建立可持续发展的社会。这可以说是我们将要面临的唯一挑战，也是最大的不安因素，关乎我们每个优秀的头脑。想要建立可持续发展的社会，既不在于促进可再生能源普及的政策，也不在于气候变化模型的精度，而是在于我们每个人的意志行动。如何开辟未来，归根结底，取决于我们的意志行动。这与希求更多能量的人脑格格不入。也就是说，如果不能让我们优秀的大脑切实接受这个对人脑来说有些不方便的现实，那么我们就无法开辟真正意义上的可持续发展的未来。只是理解还不够，为了让理解转化为实际行动，我们必须全心全意地从心底理解，彻底"领悟"。

我们不能对这一困难视而不见，而是要从正面突破。这才是能源之旅的集大成之作，最值得作为旅途最后的点缀。

简单的问题

这里有一个简单的问题。事实上，我们人类的优秀大脑一直希望获得更多的能量，但在此之前，我们真的在寻求文明社会吗？如果我们因为获得能量而变得聪明，并不断追求自由，想要摆脱身体的束缚，就会在不知不觉中被新的事物所束缚，失去自由。

为了考察这一点，有一本书可以作为参考，那就是来自德国的犹太人政治哲学家汉娜·阿伦特所著的《人的境况》一书[21]。阿伦特根据自己逃离纳粹主义，前往美国的壮烈经历，一生致力于分析纳粹极权主义产生的原因。她在自己的主要著作之一《人的境况》中，将构成人类社会的人的日常活动分为三个领域进行思考，尖锐地刻画出了现代社会的真实图景。

第一个领域是为了维持生命而进行的"劳动"。在这个领域中，人为了生存而进行生产和消费。以粮食生产为代表，消费时间比生产更短。

除此之外别无他物，只是一味地重复这一循环。

第二个领域是制造耐久性工件的"工作"。在这个领域中，人开始制造工具、家具和建筑物等消费时间长于生产时间，且能够持续一段时间的结构，从而形成一个只属于个人的世界。

第三个领域是"活动"，即不通过物品建立人与人之间的关系。在这一领域中，通过与他人接触，首次出现了公共社会。这是人与人之间在公共场合的交流产生的，并不隶属于特定的个人，因此只要人类存在就能延续下去。

接下来，阿伦特观察了古希腊的社会，并指出在古希腊，与城邦管理有关的公共领域的"活动"和"工作"，以及与家庭生活有关的私人领域的"劳动"之间有明确的划分。在超出生命必要活动的地方，每个人都以各自的形式比拼个性，而这种地方就是城邦。在经过这一系列思考之后，阿伦特仔细观察了现代社会，并一语道破："劳动"严重侵蚀"工作""活动"领域，"私人领域"严重侵蚀"公共领域","劳动"即将覆盖整个社会,这就是现代社会。

获得自由后将会面对什么?

阿伦特认为,在现代社会,导致私人领域严重侵蚀公共领域的主要原因是工业化发展。在工业社会中,经营工厂的组织接二连三地成立,同时产生了一种新形式的共同体——经营者和劳动者。阿伦特发现,这是以组织领导者为中心的私人式、家族式的人际关系模型,而进入到建立人与人之间关系的公共领域的正是这种模型。

此外,由于工厂生产的产品整齐划一,因此工厂中没有体现出与"工作"相当的个人属性。也就是说,阿伦特认为,由经营者和劳动者组成的新共同体实际上只不过是为了生活而工作的"劳动"。在阿伦特眼中,现代社会是一个不断重复生产和消费的冷酷的世界,这种"劳动"几乎覆盖了整个社会。

阿伦特所说的"劳动"领域中的人类活动是指生存所必需的基本活动。在古希腊时期,这种活动因没有自由而被认为是奴隶的工作,因而被排斥和蔑视。不为生命所需束缚的自由被赋予了积极的价值,成了强迫一部分人劳动的奴隶制得到肯定的理由。

在人类经过第五次能源革命而发展起来的现代社会中,通过最大限度地投入能量,积极地让机器代替"劳动"领域的活动,解放了奴隶和农奴,每个人都应该得到了自由。

但是，事实上，不知哪里出现了错误，我们都以一种新的形式变成了某些人的奴隶。

阿伦特在这方面也有重要的见解。有节奏、有秩序地"劳动"，才能获得最好的结果。在工业化之前的社会中，肉体承担着这种节奏。然而，阿伦特敏锐地指出，在工业化社会中，机器开始制造节奏。也就是说，大脑在随心所欲地消耗能量，从身体的束缚中解放出来后，又被机器重新束缚了。

在20世纪中叶，即阿伦特活跃的社会中，机器刻画的节奏对大脑来说不是什么负担，对于喜欢把时间调快的大脑来说，这或许反而是一件愉快的事情。然而，进入21世纪后，信息通信技术发展惊人，在我们生活的社会里，我们的大脑是否真的能够适应机器刻画的节奏，结果令人怀疑。我们优秀的头脑现在是否在按照自己的意愿来刻画超过"鼠速"的现代社会的节奏？抑或被迫刻画？在笔者看来，我们每个人都该停下来思考这个问题。请大家把手放在胸前，听听自己的心声。

每个人的节奏

你内心的声音是怎样的呢？假如你觉得现代社会的节奏令人愉快，或者希望节奏变得更快，那么你的大脑至今还能跟得上机器的节奏。从这层意义上来讲，你是自由的。虽然有些难以置信，但一定也存在像笔者这样因不能完全适应不断更新的信息和新兴技术而苦苦挣扎的人。

阿伦特所说的公共领域是由拥有不同个性的人共同构成的，因此，如果你觉得现代社会的节奏令人愉快，那么你就可以带着这种个性参与到社会中。但是，对于这样的人来说，有一点需要注意。那就是，大脑的时间节奏归根到底是个性，不能强加于人。这就像是人生，每个人都拥有不同的人生，所以每个人的时间节奏也不必相同。相反，如果每个人的时间节奏都相同，那就奇怪了。

为了避免因让整个社会跟随机器节奏而带来压力，请大家务必三思。这就是在构建可持续发展的社会的道路上，属于这一范畴的人们对人类社会做出的最大贡献。

如果你觉得现代社会的节奏太快、太刻板，那么你可以为构建可持续发展的社会做出更积极的贡献。让我们按照不同的节奏实践如何将自己从机器的节奏中解脱出来，掌握各自不同的节奏吧。这意味着你的大脑会得到真正的自由。每个人的活动都集中在一起，社会的平均节律会比现在慢很多，不久就会逐渐形成一个可持续发展的社会。

倾听刻在身体里的准确节拍

当我们的大脑理解了从机器的节奏中解放出来的必要性时，为了找回自己的节奏，应该如何思考，又该如何行动呢？想要弄明白这一点，最重要的是先停下来问问自己的内心，也就是要倾听自己的心声。因为正确的节拍是大脑产生的所有节奏的基础,也是我们的身体刻画的节奏。

大脑之所以能够创造出各种各样的节奏,拨快时间,是有明确理由的。在现代社会,"时间"这一概念已经变得十分抽象了。

人类最初的时间概念,是在人类生活的土地上,从一天的太阳运动和一年的季节变化中产生的。也就是说,这是基于太阳的运动和居住的土地等具体事物而形成的。自工业革命以来,为了提高机器运转的效率,必须严格管理劳动者的时间。而随着铁路和电信网的发展,需要设定跨越地区的共同时间,这使得时间的本土性和具体性迅速消失,现在被量化为以铯原子钟上的一定间隔为基准的抽象概念。

处理被量化的抽象事物时也有需要注意的事项。抽象的事物就像字面意思一样是抽象的,而且被数值化后可以得到无限的扩展,所以无论怎样处理都可以。这就是大脑能够刻画出各种节奏的原因,也是有时会迷失自我的原因。相对而言,身体是具体的、实际存在的事物。因此,身体的节拍准确而稳定。

我们优秀的头脑具有处理抽象事物的卓越才能。与此同时,由于能够处理抽象事物,我们常常在与实际情况完全背离的地方迷失,找不到出口。这种时候,基本的解决方法就是回归具体事物。要想快速调整大脑的节奏,只需停下脚步,倾听自己的内心。

从某种意义上来说,现在是一个很好的机会,让我们慢慢停下来倾听身体的声音。因为新冠疫情暴发,人们被半强迫地限制

- 281 -

活动，整个社会的节奏被迫大幅放慢。

所以，真正需要的和不一定需要的事情都显露了出来。

明治安田生命保险公司于2020年8月进行的"健康"问卷调查显示，自疫情暴发，人们被强制居家后，约有48.1%的人表示"感觉比以前更加健康了"[22]。新冠疫情暴发后，越来越多的人开始专注于改善生活习惯，如改善饮食生活和创造运动机会等，因此人们才会产生这样的感觉。这种发展趋势体现了以脑为中心的思维向以身体为中心的思维的转变，即从拨快时间，且希望时间越来越快转变为正确的时间观念，这种思维变化可以起到减慢整个社会平均节奏的效果。

在经历了新冠疫情后，如果仍然能够保持较慢的节奏，那么请一直保持下去，这将有助于我们每个人找到自己适合的节奏，进而控制整个社会的能源消耗量。在今后的社会生活中，如果不知不觉地被机械的节奏所吸引，感觉自己的步调加快，那么请立即停下来倾听自己身体中的正确节拍，调整大脑的节奏。

向自然界学习"适度"的节奏

当我们倾听身体的声音，让大脑恢复平静后，接下来应该思考的是，我们身体中的准确节拍是如何出现的。那是自然界中所有生命奏响的和声。人类之所以存在，是因为构成生态系统的地球环境。

实际上，在资本之神的指引下摆脱自然界的桎梏，实现了空前繁荣的资本主义社会陷入的隘路，是指因自由使用能量而逐渐从身体中解放出来的大脑迷失了方向，同时其结构没有发生任何变化。究其原因，是构成现代资本主义社会血液的货币，和时间一样是抽象的概念。货币是抽象的，所以能够轻易地脱离自然界。此外，正是因为能够轻松地脱离自然界，货币才能作为经济活动的工具被广泛普及。结果就是，经济活动与环境保护的关系严重失衡。

为了恢复经济活动和环境保护之间的平衡，必须适当调整货币经济，缩小其与全球环境容量的实际差异。也就是说，对于截至目前不断地随意控制节奏，并自得其乐的我们的大脑来说，不仅要倾听我们的身体刻画的节拍，还要倾听周围涌出的生命的旋律，完成优美的和声。

一旦放任现代资本主义社会的资本之神，它就会不断加速吸收能量，并试图改变、成长，就像是盛夏时天空中的积雨云。然而，对于资本之神的本体——耗散结构——来说，只要有一定量的能量持续流入，就可以维持结构。因此，如果将流入的能量控制在接近下限的位置，就可以与自然界发出的和声保持协调。

为此，我们必须了解何为"适度"。在思考"适度"的节拍时，有一个数字可以作为参考，那就是年率2%。这是以杉树和柏树的50年成长期为基础，将成长换算成年率得到的结果，也可以说这就是杉树和柏树特有的节奏。

假设某人拥有一片茂盛的森林，他以砍伐森林中相当于每年树木生长总量的2%的树木为生。当被称为资本主义社会机器节奏的银行存款利率是3%时，这个人会如何行动呢？根据经济合理性，他应该砍伐森林里的所有树木，然后全部存起来，因为保护森林所获得的利益是森林全体价值的2%，而选择银行存款，则可以利息的形式获得森林全体价值的3%的利益。

进一步来讲，通过择伐获取收入的生活是单利的，不伴随作为本金的森林价值的增加而增加；而对于通过银行存款获取利息收入的生活来说，如果将剩余的利息纳入本金，就可以复利运用，长期的资产价值的差异就会进一步扩大。因此，从经济合理性的角度来看，所有富饶的森林都将消失[23]。

迄今在世界各地进行的开发及由此带来的环境破坏，归根结底都是这种简单的得失计算导致的。在每年经济增长超过2%的地区，自然环境很难保持原样。为了在保护环境的同时促进经济循环和增长，在不考虑通货膨胀的情况下，我们必须习惯机器节奏下的实际年增长率只有2%以下的社会。鉴于长期运营带来的复利效应，我们甚至要习惯一个年增长率刚刚超过1%的社会。

托马斯·皮凯蒂在他的著作《21世纪资本论》中为贫富差距扩大的社会敲响了警钟。根据他的分析，工业革命以来，全球经济增长率在1700年至1820年的100多年中年均为0.5%；在1820年至1913年的近100年中年均为1.5%；在1913年至2012年的100年中，年均为3.0%（表4）[24]。

表4　全球经济年均增速

年	全球经济增长率（%）A=B+C	世界人口增加率（%）B	人均经济增长率（%）C
0—1700	0.1	0.1	0.0
1700—1820	0.5	0.4	0.1
1820—1913	1.5	0.6	0.9
1913—2012	3.0	1.4	1.6

注：托马斯·皮凯蒂：《21世纪资本论》，美铃书房2014年版，第78页。

可以说，资本之神跃然纸上，不断加速、无止境地增长。

显然，1913—2012年的经济增速十分突出，却是不可持续的。今后的人口增长将得到控制，再加上信息通信技术的飞跃性进步，生产率将急剧提高。想要找到环境保护与经济增长和谐共存的落脚点，虽然说不容易，但也绝非不可能。

在现代资本主义社会中，由于经济合理性原则太过盛行，人们被接连不断的竞争所驱使，经常处于紧张的状态。我们缺乏衡量"适度"的标准，即达到什么程度才算及格，结果就是我们大脑的节奏越来越快。从森林的大致成长速度得到的年率2%，是将森林的节奏数值化后得到的数字，我们可以将它作为实现与自然和谐共生的"适度"的水平标准。

如果我们将年率2%当作调整节奏的节拍器，那么经济活动和环境保护之间的平衡就会变得更好，我们的大脑刻画的节奏也会比现在更加舒畅，因为它能与自然一同发出悦耳的和声。当你在社会中感到紧张、窒息的时候，不妨抬头看看树木，向自然学习。

如何善于捕捉抽象能量？

正如我们分析人类大脑时所发现的那样，我们优秀的大脑在处理抽象事物时有时会迷失自我。能源问题之所以会变得复杂难懂，直白地说，也是因为能源是抽象的。

能量之所以如此棘手，是因为它不仅抽象，而且变幻莫测、难以捕捉，很难以我们容易理解的形式被具体化。但是，正是由于能量过于变幻莫测，因此它相对容易成为抽象的概念。

事实上，适当地处理时间和货币能够抑制能源消耗，这是因为在很大的意义上，我们可以将时间和货币等抽象概念看作是能源的一种形式。

与能源相比，时间和货币对我们的头脑来说更容易被具体化。因此，为了控制大脑的能量消耗，我们可以寻找比较容易具体化的类似的抽象概念。

从这一观点出发，笔者还想告诉大家一件事，那就是幸福的定义。

潇洒、装模作样、土气——向江户人学习处理问题的方法

古今中外，人类社会经过反复证明，得出的真相是人的幸福归根结底还是在于自己的想法。作为藤原一族的首领，藤原赖通虽然在现世享尽荣华富贵，但因对末法之世带来的来世感到不安

第三章 我们能做什么？

而胆怯，晚年在平等院的阿弥陀堂（凤凰堂）祈祷度日，笔者并不认为他真正幸福地度过了一生。葛饰北斋一心只顾画画，对金钱漠不关心，生活穷困潦倒，但笔者不认为他不幸福。

由此可见，关于幸福的讨论没有具体的标准，所有的一切都是抽象的，其中潜藏着巨大的机遇。为什么这么说呢？因为如果幸福的定义因人而异，那么让自己的大脑意识到更少的钱、更少的财产、更少的能量消耗就能感受到幸福，这才是提升幸福感的秘诀。

在修道院或寺院中一边修行一边过着俭朴的生活，可以说是在思考这些问题后找到的答案。但是，这样的生活远离尘世，不能成为引导整个社会的力量。据笔者所知，世界上至少有一个地区的普通大众掌握了谦逊而幸福的生活方法，那就是江户时代后期的江户城。

据说在江户时代后期，即 19 世纪初，号称人口世界第一的大都市江户人口突破了 100 万，当时作为町人文化而广为人知的化政文化正在蓬勃发展。江户时代的平民即使生活在并不富裕的环境中，也能找到过上幸福生活的方法。笔者认为其中有很多值得学习的东西。江户人的思考方法中隐藏着从抽象且无止境的事物中解脱出来的具体方法。

说起生活在江户的平民，也就是江户人，就能让人联想到表现出他们不屑于存钱的性格"赚到手的钱当天花完"，以及表现心里毫不在意的"直爽""坦率"等词语。另外，虽然他们性情倔强，

— 287 —

容易打架，但他们重情义，懂幽默。一旦听到江户落语[①]，江户人的日常生活就会浮现在眼前。

江户人的举止在用"潇洒""装模作样""土气"等语言表现的源自平民生活的独特审美意识下变得文雅。他们认为花钱吝啬，拿隔夜的钱十分土气，遇到有困难的人就及时给予帮助才算潇洒。打扮得太过明显就是装模作样，这是最令人厌恶的。

毫无疑问，江户人的审美意识是在潇洒之上发现积极的价值，成功地创造出了与金钱价值不同的价值观，这与江户平民内心的富足息息相关。江户时代的土壤培养出了晚年自诩为"画狂老人"的葛饰北斋这样的人物，这不是根据经济理性这一支配现代社会的规则进行的得失计算能够做到的。更进一步说来，一味地大声呼吁保护环境，用江户人的话说就是装腔作势，这应该是我们最忌讳的。

现代社会有很大的潜力再现江户人的审美，因为只要将能够无限扩展的货币价值巧妙地替换成由"潇洒""装模作样""土气"这三个词组成的审美意识，即将一种抽象概念替换成另一种抽象概念，就能抑制无止境的欲望。即使存在物理上的限制，人们也能充分地感受到幸福。

总而言之，对于那些具有无限扩展性的抽象概念，只要将其替换成由仅有的几种概念组成的其他的抽象概念，就可以全部表

[①] 译者注：日本的传统曲艺形式，和中国的单口相声相近。

现出来。

当然，面对世界各地文化迥异的社会，想要广泛理解"潇洒"这个词的含义中的微妙差异是有一定障碍的，这是不争的事实。然而，关于"潇洒"究竟是什么，钟情于潇洒文化的哲学家九鬼周造，有一本名为《"粹"的构造》的名著，他运用西方哲学的手法，详述了什么是潇洒。这本著作被译为多种语言，所以外国人也能理解他的思想。

顺便说一下，根据九鬼周造的说法，"潇洒（粹）"就是"从容（豁达），有干劲（意气），充满吸引异性的魅力（娇媚）"[25]。以"武士不露饿相"为代表的武士道的理想主义中的意气风发，讲述诸行无常的佛教世界观所带来的达观——从容而豁达的心态，因接触异性而产生紧张感并经过千锤百炼，就形成了所谓的"潇洒"。在英语中，表示帅气的俗语"酷"（Cool）的意思与"潇洒"十分相近，但是"潇洒"这个词中流畅、巧妙地融入诸行无常的达观，笔者认为，这比英语中的"酷"要酷得多。

正如江户的平民所体现的那样，带着"潇洒"一词所表达的审美意识的行动，可以说是在有限的环境和条件下也能享受幸福生活的一种生活智慧。

如果整个社会都能广泛地感受到如何活得潇洒，那么这不仅可以成为地球环境这一有限的容量范围内的生活智慧；也可以与那些只讲正论，让人感到拘束的世界保持一定的距离，从而构建一个充满人情和幽默的丰富世界。

思考能源问题

我们优秀的头脑是实现可持续发展社会的关键，为了寻求降低能源消耗的意识改革，我们从如何让大脑"领悟"的角度进行了探讨。这是一个跟大脑打交道的话题，或许有些抽象难懂，但实际上，谈话的内容是探究能源的根本原理。思考让人们幸福的生活方式，可以说是属于哲学范畴的谈话。

哲学是抽象的，而哲学与能量非常契合。请大家回想一下，如果没有哈伯—博施法，我和你可能根本就不存在。思考能源问题，就是思考从大脑的思想到身体的实际存在，这些都具有非常深远的哲学意义。

思考能源问题，归根结底，就是思考"我们应该如何生活"的哲学。

为了让我们每个人都过上幸福的生活，应该做些什么呢？请再一次听听自己的心声吧。

不知道大家的头脑是否"领悟"了呢？

关于不涉及金钱的互利互惠的建议

到目前为止，我们在实现可持续发展的社会的基础上，与必须寻求改变的我们的大脑之间上演了一场大战。为了应对抽象的讨论，大家的大脑是不是也消耗了相当多的能量呢？想必答案是

第三章 我们能做什么？

肯定的，因此，笔者最后想介绍两种不需要大脑介入，能够自然活动身体的具体的、更简单的实践方法。

第一种方法是积极地将不以金钱为媒介的 give & take（互利互惠）的关系融入自己的生活中。关于这一点是有确凿依据的。

在现代资本主义社会中，随着作为金融技术发展后盾的信息通信技术的发展，所有的金钱和服务都被积极地计算为货币价值。

因此，任何东西和服务都可以通过货币进行简单的交换，但与此同时，所有的事物和服务被量化后都变得无机化和无止境化，再加上我们优秀的头脑所具有的无止境地获取能量的欲望，造就了允许资本之神暴走的基础。这就是极端抽象化带来的灾难。

正因如此，我们才会有意识地将生活中的一部分当作无法用货币价值换算的赠品。拥有一个资本之神无法介入的世界，不仅会给我们的生活带来变化和色彩，最终甚至能够让资本之神变得安宁。

关于这一点，归根结底是在劝告大家从城市生活转向乡村生活。即使是现在，乡下还保留着将田里的粮食或捕到的鱼赠送给邻居，作为答谢，得到邻居赠送的其他物品，或者帮助除草等自发形式的互利互惠的习惯，这在日常生活中非常普遍。不过，城市中无法再现这样的场景。不管在什么地方，我们只需自发地给予金钱以外的帮助就可以了。在这种情况下建立的互利互惠的关系不涉及金钱价值，所以不能全部清算。这种关系一旦开始，一定会有一方处于亏欠的状态，所以会持续很长一段时间[26]。

- 291 -

笔者所钟情的江户人的生活，也有同住在一个大杂院里，相互之间只隔着一道薄薄的墙壁的情况，从互相借用调味料和厨房用品到分享食物，都是司空见惯的事情，这就是所谓的互助精神。

　　而大城市的生活是由许多只由几个人组成的小社会构成的。所有的交易都是以货币价值为基础的等价交易，与交易对手的关系总是一次性地完全清算。这样一来，就无法与他人建立深厚的感情。即使是在大城市，只要试着建立不等价的互利互惠的关系，就能使自己和对方的关系发生变化。请大家试着想象一下未来的社会，在以分布式为主的社会中，社会的构成单位将比现在更小，在那样的社会中，以互相见面的形式建立地域性社会关系，将比以往任何时候都更加重要。从这个角度来看，尝试在自己的生活中建立无关金钱的交易有着切实的意义。

　　请大家务必在各自力所能及的范围内，将无关金钱的互利互惠的行为融入生活中。这样的行为不仅能够抑制通过将一切都兑换成货币价值来获得力量的资本之神的失控，还可以提升未来分布式社会的亲和力，可谓一举两得。

大家都可以实践的行之有效的方法

　　另一种不需要大脑介入，能够自然地活动身体的具体的、更简单的实践方法是节约。事实上，没有一种能让任何人都做到，而且能有效降低能耗的方法。

近年来，有一种倾向于浪费的风气，因为这样可以刺激经济。这就是允许资本之神失控的经济增长至上主义，也是环境保护和经济活动之间严重失衡的原因。另外，经济增长至上主义不同于原始的资本主义精神，正如马克斯·韦伯详述的那样，原始的资本主义精神是通过奉行禁欲主义的新教所具备的勤劳和节约等美德创造财富。节约和勤奋原本都是资本主义的重要组成部分。

实际上，节约是非常有效的做法，甚至有人把节约当作一种能源。爱惜并长期使用物品，关掉闲置房间的灯和空调，杜绝剩饭剩菜，等等。只要减少这些浪费，就能为降低能耗做出巨大贡献。将投入大量能量的牛肉浪费掉的行为应该予以处罚，更应该明令禁止。

当然，节约并不代表一切都会好起来，过于节约反倒会显得很窘迫。

即使如此，节约也绝对是在今后的时代中生存的关键词之一。日语中有一个很适合这个时代的美妙词语，那就是"可惜"[27]。在2004年诺贝尔和平奖获得者，来自肯尼亚的旺加里·马塔伊的推广下，从某种意义上说，日本人也重新发现了"可惜"一词并无气势。这一点是好的。我们不用为了保护环境而摆出盛气凌人的架势，只需要以非常自然的形式保持节约即可。

另外，为了避免误会，笔者再补充一句，这里说的节约并不是说我们应该专注于如何节省每一分钱。越是积累资本，大量生产商品，就越有可能以更低的价格向市场供应。所以如果只关注

— 293 —

金钱方面的节约，就会正中资本之神的下怀。节约的精神归根到底是指停止浪费，明白"可惜"一词的含义。

想要改变以大量消耗能源为基础的现代社会的现状，不仅要重视较大的机制，比如，讨论哲学性，或迫使大脑"改过自新"；还要在意较小的机制，比如，让身体自然地活动。从这层意义上来讲，"互利互惠"和"可惜"这两个词蕴含着巨大的可能性。

我们不必指出凡事都用金钱来衡量，或者毫无节制地浪费对环境不好，只需要知道这样做不体面、不"潇洒"就足够了。

旅行的终点

大约在180年前,出身于法国贵族阶层的阿历克西·德·托克维尔目睹了法国大革命带来的混乱,并开始对美国这个在大洋彼岸不断发展的新兴民主国家产生浓厚兴趣。25岁的托克维尔希望亲眼看到美国,他以研究美国监狱制度的名义成功获得了法国政府的支持,然后他便前往美国,花了9个月的时间广泛了解美国的国内形势。青年的兴趣无穷无尽,他的行动范围远远超出了研究监狱制度的范畴。托克维尔将从见闻中获得的知识和对美国社会的深度洞察,汇总编写成了《论美国的民主》一书,这本经典名著至今仍被认为是研究美国民主主义的必读之作。他在序言中这样写道:

> 严格来讲,本书不随波逐流。笔者在创作本书的时候,无意为任何党派服务,也无意参与任何党派斗争。与其说是与各种党派有不同的看法,不如说笔者是想看得更远。他们只想着明天,而笔者却心系未来。[1]

当笔者第一次阅读托克维尔的《论美国的民主》时，他敏锐的洞察力让笔者连连震惊。但是，最令人感动的是这本书的序。笔者强烈地感受到，这种态度正是考察能源问题时最需要的。为什么这么说呢？因为我们每个人都会使用能源，每个人也都是问题的当事人，都肩负一定的责任，但在日常生活中，每个人都会受到某种束缚。从托克维尔的角度思考能源问题，从此成了笔者的指导方针。

笔者创作本书的动机，既不是为了拥护核电站，也不是为了赞扬可再生能源，更不是为了自己从事的石油行业。笔者只想通过回顾人类的历史，与能源这种让人似懂非懂的事物搏斗，并通过慢慢洞察其本质，为人类的未来发现希望。

当然，笔者深深地意识到自己并不具备托克维尔那样出色的洞察力。但是，正如托克维尔的态度启发了笔者一样，如果关心能源问题的普通民众不再只顾明天，而是开始畅想未来，思考人类前进的道路，那么社会就会变得更加美好。

本书如能助人类一臂之力，那就再好不过了。

人类是独一无二的，人类依靠智慧的积累振兴文明，形成了巨大的耗散结构。人类还拥有"先见之明"，能够发现问题并不断改进，这是人类擅长的方面。现在，我们生活在以大量使用能量为前提的呈巨大耗散结构的社会中。我们了解了这种社会的优点、缺点和挑战。知道了这些，剩下的就是继续努力改善。

我们经历了一场关于能量的旅行，通过追求数量、寻求知识、探求心灵，最终抵达了在本书中被称为"旅行的目的地"的未来，但实际上，这只不过是目前可以预见的目的地而已。当我们到达目的地的时候，我们的子孙会以他们无与伦比的"先见之明"发现新的问题，并绞尽脑汁解决这个问题。

为了想象这样的情景，笔者最后再举一个例子。

在未来有望实际应用的核聚变反应技术中，有一种想法是用从海洋中提取的氘与在月球上提取的氦-3进行核聚变[2]。由于该反应具有不释放中子的优点，因此，如果能实现该反应，那么不仅可以扩大反应堆材料的选择范围，而且反应炉几乎不会有放射性，报废时更加容易处理。

对于现在连基础核聚变反应堆都建造不出来的人们来说，这简直就是一场梦。

然而，我们的子孙后代却在认真思考核聚变反应堆实际投入使用后，为了进一步改善，如何才能有效地从月球上把氦-3运回地球。

只要人类继续通过工业流程制造物品，消耗低熵资源，完全意义上的可持续性社会就不会到来。我们必须继续努力创造一个尽可能接近可持续发展状态的社会，对于无法填补的鸿沟，我们只能通过开发新技术、向自然界靠拢等方式来进行修正。

人类活动没有终点，只有不断地改善。这是人类祖先获得火后，引领人类走过的光荣历程，也是我们今后要走的路。

致谢辞

作为一个天生就喜欢书的人，笔者的梦想是有一天能够拥有一间堆满了书的书房，每一天都能在书中度过，以及有一天能够出一本以笔者自己的名字命名的书，作为笔者存在过的证明。笔者听说所有在日本出版的书都会被纳入国立国会图书馆永久保存。从作为资料被保管的意义上来讲，不管是谁写的书，都和杉田玄白的著作《解体新书》、福泽谕吉的著作《学问的点滴》等历史书籍享有同等的待遇，这可不得了。

于是，笔者决定了书的主题——能源问题。为了思考能源问题，从人类社会的建立开始，到对科学局限的理解，需要综合性的、俯瞰性的视角，这是笔者的一贯主张，笔者一直想把这一观点广泛地推向社会。

2011年，在英治出版公司的帮助下，笔者有幸翻译、出版了罗伯特·布莱斯所著的《力量与饥饿——直面现实思考能源问题》一书，提前实现了出版登载自己名字的书的梦想。

在这份译本中，笔者获得了一个撰写较长解说的机会，同时也展示了笔者对能源问题的一些想法。下一步，笔者打算更加广泛地描述自己的想法，汇总成一本书。之后，经过了十年的岁月，这本书终于完成了。

总结自己想法的工作比想象中困难得多，其间几度落笔、停滞不前。有一次，笔者把写到一半的稿子全部销毁了。然而，笔者想出版一本关于能源的书的想法胜过一切，经过数年的反复试验，总算完成了草稿。

笔者将完成的草稿交给了曾经翻译著作时承蒙其照顾的英治出版公司的高野达成先生，得到了许多忠告和鼓励，然后又进行了进一步的推敲。最终完成的原稿比初稿充实了很多，笔者感觉自己到达了比当初想象的世界更远的地方。这完全归功于高野先生的准确建议，他片刻间就看透了笔者希望通过本书传达的内容的本质。笔者从未想过编辑能如此可靠，因此想借此机会深表谢意。

此外，英治出版公司的社长原田英治先生不仅以与笔者翻译著作时相同的姿态，温暖地关注笔者这样一名工薪族的写作活动，还让笔者对有迁居经历的他进行了采访。原田英治先生长远的视野和宽广的胸怀令人钦佩。笔者谨在此表示衷心的感谢。

关于本书的内容，笔者请大学时期同一院系的好友，现在神奈川大学工学部物质生命化学专业任职的本桥辉树教授，及公司中博学的矶江芳朗先生阅读了原稿，他们从各自的专业角度提出了宝贵的建议。笔者想借此机会对他们表示感谢。

此外，笔者还要感谢爱读书的父亲和喜欢俳句的母亲。笔者之所以喜欢读书写作，很大程度上是受到了家里读书环境的影响。

最后，笔者想对挚爱的家人说句感谢。随着新冠疫情的扩散，在线教学的展开和社团活动的减少，人们开始缩减不必要的外出，延长在家的时间。从 2020 年春天开始，笔者的家庭成员一直在狭小的家庭环境中生活，不断积累压力。在这样的情况下，笔者的父亲结束了驻外工作，回到家里办公，这让笔者觉得压力越来越大了。在这样一个充满压力的环境中，我们相互摩擦、相互尊重，规划各自所需的空间，最终，笔者完成了本书。

这多亏了家人的共同努力，真的非常感谢。

现在，笔者很庆幸自己没有书房。

2021 年初夏，在自己家的餐厅里祈祷新冠疫情快点结束。

古馆恒介

注 释

第一部分　追求数量的旅行

1. 新村出编：《广辞苑》第六版（2008）。

2. 丹尼尔·耶金（Daniel Yergin）：《石油世纪 统治者的兴亡（上）》（1991），日本放送出版协会出版，pp.211-220。

3. John Given, "The Fragmentary History of Priscus: Atilla, the Huns and the Roman Empire, AD430-476", *Evolution Publishing*, Kindle Location No.1438.

4. 谷口洋和、Alibay Mammadov：《阿塞拜疆现在很有趣的原因》（2018），KK longsellers, p.30。

关于阿塞拜疆国名的由来，除了本文提到的由中古波斯语（巴列维语）中表示火焰的"Azər"和表示守护者的"Baycan"组成外，还有一种说法来源于阿契美尼德王朝总督，该地区的统治者是阿特罗帕特斯。

5. 有关火诞生的地球史，参见平朝彦：《地质学1　地球动力学》（2001），岩波书店；丸山茂德·矶崎行雄：《生命与地球的历史》（1998），岩波新书；斯蒂芬·派恩：《火之火的自然史》

（2003），青土社；理查德·福提：《40亿年生命全史》（2003），草思社。

6. 斯坦利·库布里克导演的作品：《2001太空漫游》（1968），米高梅公司发行。

7. 斯蒂芬·派恩：《火之火的自然史》（2003），青土社，p.60；河合信和：《人类进化700万年史》（2010），筑摩新书，pp.123-125。

8. 丹尼尔·利伯曼：《人体600万年史（上）》（2015），早川书房，p.145。

9. 马特·利德雷：《开创繁荣明天的人类10万年史（上）》（2010），早川书房，p.94。

10. 理查德·兰厄姆：《火的恩赐：人类通过烹饪进化》（2010），NTT出版，pp.109-110。

11. 同上，p.61，p.66。

12. 同上，pp.34-38。

13. 同上，p.39。

14. Jared Diamond（1999.05.01），"The worst mistake in the history of the human race", *Discover*, https://www.discovermagazine.com/planet-earth/the-worst-mistake-in-the-history-of-the-human-race.

15. 威廉姆-施托尔岑堡：《没有捕食者的世界》（2010），文艺春秋，pp.238-246。

16. 丹尼尔·利伯曼：《人体600万年史（下）》（2015），早川书房，pp.23-24。

17. 同上，p.34。

18. 马库斯·西多尼乌斯·法尔克斯：《如何管教奴隶》（2015），太田出版，p.43。

19. 多角度分析、解说古罗马衰落的原因，本书主要参考了Fraser, Evan D.G. 所著的《粮食帝国——食物决定文明的兴起和崩溃》（2013）第53—83页中的内容。

20. 伊藤章治、冈本理子：《黎巴嫩杉物语：从"吉尔伽美什史诗"到全球变暖》（2010），樱美林学园出版部，p.9，p.21。

21. 关于黎巴嫩森林的保护活动，在安田喜宪的《保护森林的文明·统治的文明》（1997，PHP新书）中有详细介绍。

22. 约翰·贝里恩：《森林与文明》（1994），昌文社，pp.38-39。

23. 关于日本毁林和保护的历史，康拉德·托特曼的《日本人是如何建造森林的》（1998，筑地书馆）中有详细介绍。

24. 田家康：《用气候解读日本历史》（2013），日本经济新闻出版社，pp.64—69。

25. 华严宗大本山东大寺，HP，http://www.todaiji.or.jp/contents/guidance/guidance4.html。

26. 田家康：《用气候解读日本历史》（2013），日本经济新闻出版社，p.61。

27.产经新闻 2018 年 9 月 29 日报道《重建兴福寺中金堂,历时 8 年采购非洲木材》,https://www.sankei.com/west/news/180929/wst1809290037-n1.html。

28. Cucari Attilio, Angelucci Enzo: *Ships*(1985),pp.30-31。

29.修昔底德:《历史 1》(2000),京都大学学术出版会,pp.53-54。

30.约翰·贝里恩:《森林与文明》(1994),昌文社,pp.324-357。

31.同上,pp.71-72。

32.托马斯·弗里德曼:《谢谢你迟到——常识不互通的时代的生活方式(上)》(2018),日本经济新闻出版社,p.68。

33.佐佐木·兰贞:《沉船教给我们的世界史》(2010),媒体工厂新书,pp.18-23,pp.106-107。

34.约翰·贝里恩:《森林与文明》(1994),昌文社,p.72。

35. Shannon M.Pennefeather, *Mill City*(2003), Minnesota Historical Society Press, p.24.

36.威廉·霍华德·斯坦:《"富裕"的诞生——成长和发展的文明史》(2006),日本经济新闻社,pp.202-203。

37.同上,p.204。

38.瓦茨拉夫·斯米尔:《人类能源史(下)》(2019),青土社,p.39。

39. R.U.Ayres, "Technological Transformations and Long Waves"（1989）, *International Instiure for Applied Systems Analysis*, Laxenburg, Austria, p13.

40. 约翰·贝里恩：《森林与文明》(1994)，昌文社，pp.292-293。

41. 威廉·霍华德·斯坦：《"富裕"的诞生——成长和发展的文明史》(2006)，日本经济新闻社，p.211。

42. 川北稔：《砂糖的世界史》(1996)，岩波 Junior 新书，pp.178-188。本书详细介绍了这个时代英国社会的动向。

43. 吉村昭：《高热隧道》(1975)，新潮文库（久保田正文解说），p.260。

44. 北康利：《胆大的人 太田垣土郎 在黑四中变成龙的人》(2018)，文艺春秋，p.13-14，p.341。

45. 各种文献中都有关于电能研究历史的记载，但本书尤其参考了小山庆太：《能源科学史》(2012)，黑河出书，（久保田正文解说）p.69-98。

46. Bureau International des Expositions, *Zénobe Gramme's electeifying discovery at Expo 1873 Vienna*（2017.2.9）, https://www.bie-paris.org/site/en/blog/entry/zenobe-gramme-s-electrifying-discovery-at-expo-1873-vienna.

47. 罗伯特·布莱斯：《力量与饥饿——直面现实思考能源问题》(2011)，英治出版，pp.78-79。

48. 关于电流战争的详细内容，见名和小太郎：《企业家爱迪生 知识产权、系统和市场开发》（2001），《朝日新闻》，pp.124-137。

49. 关于川中岛四郡的石高，参考了信浓每日报社《长野县百科全书（修正版）》（1974，p.183）中关于川中岛四郡测量土地账目的说明。关于太阁检地中甲斐国、越后国的石高，参见中野等：《太阁检地 秀吉追求的国家形态》（2019），中公新书，pp.230-233。

50. 永井义男：《江户的粪尿学》（2016），作品社，pp.44-48。

51. 肯普弗：《江户参府旅行日记》（1977），平凡社东洋文库 pp.18-19。

52. 速水融：《从历史人口学看日本》（2001），文春新书，p.98。

53. 国立社会保障·人口问题研究所编：《解读人口减少的日本社会》（2008），中央法规，p.11。

54. 关于从江户后期到明治后期的山林荒废，参见太田猛彦：《森林饱和》（2012，NHK 书籍），石井彰《木材、煤炭、页岩气》（2014，PHP 新书）。太田所说的近年来"里山的原貌"迎来热潮，是指几乎没有树木的荒山。

55. 农林水产省"日本的粮食自给率"，https://www.maff.go.jp/j/zyukyu/zikju_ritu/012.html。

56. 关于第五次能源革命——开发人工肥料的故事，主要参见托马斯·哈格：《改变大气的炼金术港：哈伯—博施法与化学的世纪》（2010），美铃书房；Fraser，Evan D.G：《粮食帝国 食物决定文明的兴起和崩溃》（2013），太田出版；路斯·德福瑞斯：《粮食与人类：克服饥饿的大增产文明史》（2016），日本经济新闻出版社。

57. 关于弗里茨·哈伯，除了发明哈伯—博施法这一贡献之外，也带来了负面的影响，他为了祖国德国，在第一次世界大战时积极参与了毒气武器的研制。尽管他是一个充满家国情怀的人，但由于他是犹太裔德国人，晚年被崛起的纳粹德国冷落，他的一生一直被时代所愚弄。关于哈伯对毒气的研究，由于不在话题范围内，所以本书没有提及。但笔者想说的是，哈伯是一个研发过毒气，是有负面影响的人物。

58. 关于哈伯—博施法的反应条件，笔者参考了茅幸二等著的《化学与社会》（2001，岩波书店，pp.11-26）的记述中关于使用普通的双重促进铁催化剂的中压法的数值。关于从天然气等碳化氢中制造氢气的水蒸气改质法的反应条件，参考了石油学会编的《新石油事典》（1982，朝仓书店，pp.329-331）。

59. 国立社会保障·人口问题研究所编：《解读人口减少的日本社会》（2008），中央法规，p.168。

60. 作者使用 National Corn Growers Association "World of Corn 2020" 的数据进行了计算。

61. United States Department of Agriculture, *Grain:World Market and Trade*, March 2021, P.18, https://downloads.usda.library.cornell.edu/usda-esmis/files/zs25x844t/kh04fh27x/4b29c186z/grain.pdf.

62. 迈克尔·波伦：《杂食者的两难：食物的自然史（上）》（2009），东洋经济新报社，p.36。

63. 关于 C_4 型光合作用的研究历史，详见大卫·比尔林：《植物的出现改变了气候》（2015），美铃书房，pp.229-261。

64. 园池公毅：《什么是光合作用 支撑生命系统的力量》（2008），讲谈社 Blue Books，pp.140-141。

65. 作者使用 National Corn Growers Association "World of Corn 2020" 的数据进行了计算。见 http://www.worldofcorn.com/#corn-usage-by-segment。

66. 迈克尔·波伦：《杂食者的两难：食物的自然史（上）》（2009），东洋经济新报社，p.97。

67. 同上，p.158。

68. 同上，p.119。

69. 石井吉德：《石油高峰到来 避免崩溃的"日本Ｂ计划"》（2007），日刊工业新闻社，p.73。

70. 农林水产省 2015 年 10 月发行了小册子《知道吗？日本的食品状况——日本的粮食自给率·粮食自给力和食品安全保障》。见 https://www.maff.go.jp/chushi/jikyu/pdf/shoku_part1.pdf#

search=%27%E7%89%9B%E8%82%89%EF%BC%91%EF%BD%8B%EF%BD%87++%9%A3%BC%E6%96%99%E9%87%8F%27。

71. 水野壮主编：《食用昆虫！食用昆虫的科学与实践》（2016），洋泉社，pp.87-89。

72. Vaclav Smil（2001），"Enriching the Earth Fritz Haber, Carl Bosch, and the Transformation of World Food Production"，*The MIT Press Preamble*，P.xv.

第二部分 寻求知识的旅行

1. 罗伯特·P.克里斯：《世界上最美的十个物理方程式》（2010），日经BP社，p.81。

2. ONLINE ETYMOLOGY DICTIONRY, *Energy*, https://www.etymonline.com/word/energy.

3. 关于明治时期的科学用语的翻译情况，详见尾立晋祥：《明治的科学技术进口与日语》，理大科学论坛，2007年4月。

4. Weblio白水社日中、中日辞典检索。见https://cjjc.weblio.jp/。

5. 关于"力"的语源有很多种说法，一般认为，由chi（灵、血=灵魂、灵性）、kara（壳、干=身体、中心）组成。本书即采用了这种说法。

前田富祺编：《日语语源大辞典》（2005），p.743。

渡部正路：《大和语言的制作方法》（2009），丛文社，p.100。

6. 大野晋：《追溯日语》（1974），岩波书店，p.190。

7. 镰田东二编著:《神道用语的基础知识》(1999),角川选书,p.256。

8. Thomas Young, *A course of lectures on natural philosophy and the mechanical arts*（1807）, London: Printed for J.Johnson, P.52.

另外,可以参考以下 Internet Archive 的原文。见 https://archive.org/details/lecturescourseof02younrich/page/n5/mode/2up?q=energy。

9. 理查德·费曼:《费曼物理学 3：电磁学》(1969),岩波书店,p.13。

10. 关于热力学及其科学史,山本义隆的《热学思想的历史展开》(2009)全三卷比较有名,也可以参考更加浅显易懂的铃木炎(2014)的《关于熵的冒险——初学者的统计热力学》(2014,讲谈社 Bluebooks),彼得·威廉姆·阿特金斯的《熵与秩序 邀请热力学第二定律》(1992,日经科学社)。

11. 山本义隆:《热学思想的历史展开 3　热与熵》(2009),筑摩学艺文库,p.212。

12. 一般社团法人:《涡轮机协会 HP 蒸汽机》,https://www.turbo-so.jp/turbo-kids5.html。

13. 2018 年 3 月 27 日中部电力新闻稿《西名古屋火力发电站 7-1 号世界最高效率联合循环发电设备吉尼斯世界纪录认证——发电效率达到 63.08%》,https://www.chuden.co.jp/smt/

corporate/publicity/pub_release/ press/3267477_24203.html。

14. NEDO实用化文件（2012年12月）、《世界最高水平的高效率大型燃气轮机对地球环境和能源问题做出的贡献》，https://www.nedo.go.jp/hyoukabu/articles/201205mitsubishi_j/index.html。

15. 瓦茨拉夫·斯米尔：《人类能源史（下）》(2019)，青土社，p.39。

16. 《核能手册》编委会编：《核能手册》(2007)，Ohm社，p.526。

17. 独立行政法人新能源产业技术综合开发机构编：《NEDO可再生能源技术白皮书（第2版）》(2014)，第7章地热发电，p.4。见 https://www.nedo.go.jp/content/100544822.pdf。

18. 彼得·柯文尼、罗杰·海菲尔德：《时间之箭，生命之箭》(1995)，草思社，p.17。

19. 许多出版物都讲述了时间的不可思议和奥妙，本书参考了渡边慧的《时间的历史 贯穿物理学》(1973，东京图书)、桥元淳一郎的《时间从哪里来》(2006，集英社新书)。

20. 普里高津、伊莎贝尔·斯坦格斯：《来自混沌的秩序》(1987)，美铃书房，p.48。

21. 石井威望：《日本人的技术从何而来》(1997)，PHP新书，pp.19-21。

22. 威廉·斯坦利·杰文斯所著的《煤炭问题》（原标题：

The Coal Question: An Inquiry Concerning the Progress of the Nation, and the Probable Exhaustion of our Coal-mines），原文可通过 The Online Library of Liberty 阅览。见 https://oll-resources.s3.us-east-2.amazonaws.com/oll3/store/titles/317/Jevons_0546_EBk_v6.0.pdf。

23. United States Department of Agriculture, *Economic Research Service* (2018), https://www.ers.usda.gov/data-products/ag-and-food-statistics-charting-the-essentials/ag-and-food-sectors-and-the-economy.aspx.

24. 关于流淌在生物身上的时间，本川达雄的畅销书《大象的时间 老鼠的时间》（1992，中公新书）、约翰·怀特菲尔德的《生物喜欢3/4 支配多种生物界的简单法则》（2009，化学同人）中有详细介绍。

另外，不同文献中关于动物寿命、一生心率的数据存在差异。本书中有关老鼠和大象的数据参考了约翰·哈特费尔德的书。关于虚拟体重和代谢率的计算，作者根据本川达雄书中恒温动物的公式亲自进行了计算。

25. 一次能源消费量参考 BP 统计（2019），人口参考联合国统计，分别使用 2018 年的数值进行了计算。另外，由于动物一般会摄取标准代谢量约 2 倍的食物，因此在计算时，将人均一次能源消耗量的 1/2 的数值代入了恒温动物的关系式中。

26. 环境省 HP：风力发电设施相关的鸟击防止对策，https://

www.env.go.jp/nature/yasei/sg_windplant/birdstrike.html。

27. *Global Land Coverage Seare Database Beta Release Version* 1.0（2014），http://www.fao.org/uploads/media/glc-share-doc.pdf.

第三部分 探求心灵的旅行

1. 莱斯莉－安·琼斯：《佛莱迪·摩克瑞 孤独的丑角》(2013)，yamaha music media, p.42。

2. 青木健：《琐罗亚斯德教》(2008)，讲谈社选书目，pp.34-35。

3. 松本清张：《从波斯波利斯到飞鸟时代 品读清张古代史》(1979)，日本放送出版协会，p.376。

4. 青木健：《琐罗亚斯德教》(2008)，讲谈社选书目，p.65。

5. 同上，p.23。

6. 马自达HP，http://mazda-faq.custhelp.com/app/answers/detail/a_id/101%EF%BC%9F。

7. 青木健：《琐罗亚斯德教》(2008)，讲谈社选书目，p.47。

8. 关于环境库兹涅茨曲线，可以参考瓦茨拉夫·克劳斯《"环境主义"真的正确吗？捷克总统警告温室效应争论》(2010，日经BP社)。

9. 马克斯·韦伯：《新教伦理与资本主义精神》(1991)，岩波书店。

10. 米切尔·恩德：《毛毛》（2005），岩波少年文库。

11. 大卫·铃木：《生命中的地球 最终讲义：为了可持续的未来》（2010），NHK 出版，p.22。

第四部分　旅行的目的地

1. 根据 BP 统计（2019），截至 2018 年年底，各种能源的可开采年限分别为：原油 50 年、天然气 51 年、煤炭 132 年。见 https://www.bp.com/content/dam/bp/business-sites/en/global/corporate/pdfs/cnergy-economics/statistical-review/bp-stats-review-2019-full-report.pdf#search=%27bp+statics%27。

2. 平朝彦：《地质学 3——探究地球史》（2007），岩波书店，p.133。

3. 根据 BP 统计信息（2019）中的各国二氧化碳排放量和日本人口统计，计算日本的人均二氧化碳排放量。结果显示，日本的人均二氧化碳排放量为 9.1 吨 / 年，换算成碳量为 2.5 吨 / 年。

4. 大河内直彦：《挑战"地球的机制"》（2012），新潮新书，p.130。

5. 日本经济新闻 2019 年 3 月 27 日文章《美国原油生产 45 年来首位——全球页岩增效》，https://www.nikkei.com/article/DGXMZO42961830X20C19A3000000/。

6. 田近英一：《冰冻的地球——雪球地球和生命进化的故事》（2009），新潮社，pp.39-41。

7. 平朝彦：《地质学3——探究地球史》(2007)，岩波书店，p.93、pp.194-195。

8. 关于日本绳文时代海平面上升的说明，请参阅日本第四纪学会HP。见http://quaternary.jp/QA/answer/ans010.html。

9. 联合国政府间气候变化专门委员会（IPCC）：《第五次评估报告综合报告（2014）》，决策者摘要（日文翻译）。见http://www.env.go.jp/earth/ipcc/5th/pdf/ar5_syr_spmj.pdf。

10. IATA, *Air Passenger Market Analysis*, May 2020. https://www.iata.org/en/iata-repository/publications/economic-reports/air-passenger-monthly-analysis—may-2020/.

11. WMO, *United in Science 2020,* September 2020, https://public.wmo.int/en/resources/united_in_science.

12. Nature, *COVID curbed carbon emissions in 2020-but not by much*, 15 January 2021, https://www.nature.com/articles/d41586-021-00090-3.

13. 有关核聚变堆的信息，参考深井有的《气候变化与能源问题 超越CO_2变暖争论》(2011，中公新书)、理查德·穆勒的《能源问题入门》(2014，乐工社)、Jo Hermans的《不确定性时代能源选择的要点》(2013)。

14. Jo Hermans.《不确定性时代能源选择的要点》(2013)，丸善出版，p.117、p.139。

15. 关于日本的一次能源供给量以及电力化率，电气事业联合会HP公布了2018年的业绩。https://www.fepc.or.jp/smp/enterprise/jigyou/japan/index.html。

考虑到季节差异、昼夜交替，日本的平均日光强度为150W/m²，来自乔·赫尔曼斯：《不确定性时代能源选择的要点》(2013)，丸善出版，p.116。

16. 乔·赫尔曼斯：《不确定性时代能源选择的要点》(2013)，丸善出版，pp.150-151。

根据赫尔马斯的研究可知，日本海上风力发电厂单位面积的平均强度为150W/m²，能量转换效率为20%的太阳能海上风力发电的单位面积输出功率相对较小。

17. United Nations, 2019 *World Population Prospects*, https://population.un.org/wpp/。

18. 瓦茨拉夫·斯米尔：《人类能源史（下）》(2019)，青土社，p.151。

19. U.S. EIA, *International Energy Outlook 2019*, September 2019, https://www.eia.gov/outlooks/archive/ieo19/.

20. 参考了由环境省主办并于2020年8月6日召开的"CCUS的早期社会实装会议（第2次）——面向现在实现的目标和今后的实用化展开"中提交的资料《关于经济产业省的CCUS事业》以及《关于环境省的CCUS事业》。见 https://www.env.go.jp/earth/ccs/ccus-kaigi/ccus.html。

21. 汉娜·阿伦特：《人的境况》(1994)，筑摩学艺文库。

22. 明治安田生命，《关于"健康"的问卷调查！》（2020），https://www.meijiyasuda.com.cn/profile/news/release/2020/pdf/20200902_01.pdf。

23. 关于从树木的生长速度来分析经济活动和环境保护问题的方法，在 *The English Journal* 1995 年 2 月的大卫·铃木的采访文章中首次提到，之后在大卫·铃木和霍利·德雷塞尔合著的《好消息 可持续社会已经开始》（2006）等大卫·铃木的一系列著作中也有提及。

24. 托马斯·皮凯蒂：《21 世纪资本论》（2014），美铃书屋，p.78。

25. 九鬼周造：《"粹"的构造》（1979），岩波文库，p.32。

26. 关于通过互利互惠关系创造出的不等价交换经济的重要性，笔者从笕裕介的《如何建设可持续发展地区 设计孕育未来的"人与经济的生态系统"》（2019，英治出版社）中学到了许多知识。另外，英治出版社的原田英治社长有过一年移居岛根县隐岐郡海士町的经历，笔者从他的经验之谈中注意到了很多问题。关于 give & take 这个短语，笔者想起了过去探望叔父时，他说过的"give & take 意味着先有付出，相反，take & give 是不成立的，英语真是一种奇妙的语言"。

27. 关于"可惜"精神的重要性，笔者从石井吉德的《石油高峰到来 避免崩溃的"日本 B 计划"》（2007，日刊工业新闻社）中学到了很多。

旅行的终点

1.托克维尔:《论美国的民主(上)》(2005),岩波文库,pp.30-31。

2.摘自国立研究开发法人,量子科学技术研究开发机构HP。先进等离子体研究开发常见问题,请简单介绍Q1核聚变,https://www.qst.go.jp/site/jt60/5248.html。

图书在版编目（CIP）数据

能源文明史／（日）古馆恒介著；唐文霖译.--
北京：东方出版社，2025.7.--ISBN 978-7-5207-4409-6

Ⅰ.TK01-091

中国国家版本馆 CIP 数据核字第 2025B2Q767 号

ENERGY WO MEGURU TABI by Kosuke Furutachi
Copyright © Kosuke Furutachi 2021
All rights reserved.
First published in Japan by Eiji Press Inc.

This Simplified Chinese edition is published by arrangement with Eiji Press Inc., Tokyo
in care of Tuttle-Mori Agency, Inc., Tokyo through Pace Agency Ltd., Jiangsu Province.

能源文明史
NENGYUAN WENMING SHI

作　　者：	［日］古馆恒介
译　　者：	唐文霖
责任编辑：	袁　园
出　　版：	东方出版社
发　　行：	人民东方出版传媒有限公司
地　　址：	北京市东城区朝阳门内大街 166 号
邮　　编：	100010
印　　刷：	华睿林（天津）印刷有限公司
版　　次：	2025 年 7 月第 1 版
印　　次：	2025 年 7 月第 1 次印刷
开　　本：	880 毫米 × 1230 毫米　1/32
印　　张：	10.5
字　　数：	208 千字
书　　号：	ISBN 978-7-5207-4409-6
定　　价：	75.00 元
发行电话：	（010）85924663　85924644　85924641

版权所有，违者必究
如有印装质量问题，我社负责调换，请拨打电话：（010）85924602　85924603